农作物高产与防灾减灾技术系列丛书

水稻
高产与防灾减灾技术

尹海庆　王生轩　王付华　主编

中原农民出版社
·郑州·

图书在版编目(CIP)数据

水稻高产与防灾减灾技术／尹海庆,王生轩,王付华主编—郑州:中原农民出版社,2016.1(2019.1重印)
(农作物高产与防灾减灾技术系列丛书／张新友主编)
ISBN 978-7-5542-1354-4

Ⅰ.①水… Ⅱ.①尹… ②王… ③王… Ⅲ.①水稻栽培-高产栽培-栽培技术 Ⅳ.①S511

中国版本图书馆 CIP 数据核字(2014)第 316071 号

本书出版得到了河南省水稻产业技术体系、河南省水稻重大科技专项等的支持,在此一并表示感谢!

出版社:中原农民出版社
地址:郑州市经五路66号 **电话:**0371-65751257
邮政编码:450002
网址:http://www.zynm.com
发行单位:全国新华书店
承印单位:河南安泰彩印有限公司
投稿信箱:DJJ65388962@163.com **交流** QQ:895838186
策划编辑电话:13937196613
邮购热线:0371-65724566
开本:890mm×1240mm A5
印张:9
字数:249千字
版次:2016年5月第1版 **印次:**2019年1月第2次印刷

书号:ISBN 978-7-5542-1354-4 **定价:**35.00元

序

　　农业是人类的衣食之源、生存之本。人类从诞生之日起，就始终在追求食能果腹、更好满足口舌之需。漫长的一部人类发展史，可以说就是一部与饥饿斗争的历史。即使到了今天人类社会物质财富极大丰富的时期，在地球上的许多角落，依然有大量人口处于饥饿和营养不良的状态，粮食危机的阴影始终笼罩在人类社会之上。对于我国这样一个人口众多的大国，粮食的安全问题更是攸关重大。

　　党的十八大以来，习近平总书记高度重视粮食问题，多次强调："中国人的饭碗任何时候都要牢牢端在自己手上。""我们的饭碗应该主要装中国粮。""一个国家只有立足粮食基本自给，才能掌握粮食安全主动权，进而才能掌控经济社会发展这个大局"。当前，我国经济发展已经进入新常态，保障国家粮食安全面临着工业化、城镇化带来的粮食需求刚性增长、资源环境约束不断强化、国际市场挤压等诸多新挑战，保持粮食生产的良好发展态势、解决好 13 亿多中国人的饭碗问题，始终是治国理政的一件头等大事，任何时候都不能放松。

　　科学技术是第一生产力，依靠科技进步发展现代农业，是我们党一以贯之的重要方针。持续提升农作物品质和产量，保障粮食稳产增产、提质增效更是离不开农业科学技术的引领与支撑。一方面是通过推动农业科技创新，利用培育优良新品种、改进栽培生产技术等科技手段，深入挖掘农作物增产潜力，不断提高农作物单产来达到粮食总产量的提升；另一个重要的方面则是研究自然灾害以及病虫害的形成规律，找到针对性防范措施，减少各种灾害造成的损失，以此达到稳步提升产量的目的。

　　农作物生长在大自然中，无时无刻不受气候条件的影响，因此农业生产与气象息息相关。风、雨、雪、雹、冷、热、光照等气象条件对农业生产活动都有很大的影响。我国是一个地域广阔的农业大国，气候条件复杂多变，特别是在我国北方区域，随着温度上升和环境变化，在农业生产过程中，干旱、洪涝、冰雹和霜冻等各种自然灾害近年来发生的频次和强度明显增加。极端气候和水旱灾害的频繁发生严重威胁着粮食的稳定生产，已经是造成我国农产品产量和品质波动的重要因素，其中干旱、洪涝灾害的危害非常重，其造成的损失占全部农作物自然灾害损失的70%左右。面对频繁发生的自然灾害，生产上若是采取的防控应对技术措施不到位或者不当，会造成当季农作物很大程度减产，甚至绝收。为此，利用好优质高产稳产和防灾减灾技术进行科学种田是关键。

近年来，国家高度重视和大力支持农业科技创新工作，一大批先进实用的农业科研成果广泛应用于生产中，取得了显著成效。为了使这些新技术能够更好地服务于农业生产，促进粮食生产持续向好发展，我们组织河南省农业科学院、河南农业大学有关专家、技术人员系统地编写了"农作物高产与防灾减灾技术系列丛书"。本套丛书主要涵盖小麦、玉米、水稻、花生、大豆、芝麻、油菜、甘薯、棉花9种主要粮油棉作物，详细阐释了农业专家们多年来开展科学研究的技术成果与从事生产实践的宝贵经验。该丛书主要针对农作物优质高产高效生产和农业生产中自然灾害的类型、成因及危害，着重从品种利用、平衡施肥、水分调控、自然灾害和病虫草害综合防控等方面阐述技术路线，提出应对策略和应急管理技术方案，针对性和实用性强，深入浅出，图文并茂，通俗易懂，希望广大农业工作者和读者朋友从中获得启示和帮助，全面理解和掌握农作物优质高产高效生产和防灾减灾技术，提高种植效益，为保障国家粮油安全做出积极贡献。

中国工程院　院士

河南省农业科学院　院长　研究员

前　　言

　　水稻是中国乃至世界的主要粮食作物,主要种植区在亚洲,占全球面积的 90% 以上。中国是世界水稻生产和消费大国,总产量居世界第一位。中国水稻种植面积约 4.35 亿亩(1 亩 ≈ 667 米^2),播种面积占全国粮食播种面积的 30% ,稻谷总产量占粮食总产的 40% ,其中 84% 的稻米是直接消费的口粮,全国有 60% 以上的人口以稻米为主食。从事稻作生产的农户接近农户总数的 50% 。人口增加和耕地减少是中国的基本国情,未来粮食需求呈刚性增长,而粮食增产制约因素增多,中国的粮食安全依然面临严峻挑战。目前,介绍农作物生产技术的书很多,但所述内容都是"高效、增产"经验,忽略了"稳产、保产"的方法,对自然灾害防控问题所谈甚少。本书涉及的内容不仅有水稻的高产栽培理论和方法,还有各类灾害对水稻生长发育的危害及防控策略,具有较强的实用性。此书读者对象面向广大农业科技工作者、农业管理干部和技术员,也可作为农业院校相关专业师生的教学参考书。

　　本书共分 15 章,主要包括我国水稻生产发展历程与展望、水稻的生长发育与环境因素、水稻高产栽培理论与实践、水稻干旱的危害与防救策略、水稻高温的危害与防救策略、水稻低温冷害与防救策略、水稻洪涝灾害的防救策略、阴雨天气对水稻的影响及其防救策略、台风对水稻的影响与防救策略、暴雨灾害对水稻的影响与防救策略、冰雹对水稻的危害与防救策略、水稻倒伏及防范措施、水稻缺素症状的诊断及防治、水稻病虫草害的发生与防控策略、除草剂药害及预防措施等内容。

　　本书编写过程中参考了大量的相关文献和资料,在此谨对相关作者和编者表示感谢。本书的编写出版是全体编者和出版社编辑人员共同努力、协作的成果,参编人员所在单位给予了积极支持,在此表示衷心感谢。编写过程中受编者专业和编写水平所限,加之编写时间仓促,书中错误和疏漏之处在所难免,敬请同行专家和读者批评指正。

编者

2016 年 1 月

目 录

第一章

我国水稻生产发展历程与展望

本章导读：本章主要介绍了我国水稻种植分布、生产现状、多种模式的种植制度，讨论了水稻安全生产问题，并对我国水稻生产发展进行了展望。

第一节
我国水稻产区分布与特点

一、我国水稻主要产区的划分

中国稻作分布区域辽阔,南自热带的海南省三亚市,北至黑龙江省漠河,东起台湾省,西抵新疆维吾尔自治区的塔里木盆地西缘;低自东南沿海的潮田,高至西南云贵高原海拔2 700米以上的山区,凡有水源的地方,都有水(旱)稻栽培。除青海省外,中国其他各个省、自治区、直辖市均有水稻种植。根据水稻种植区域自然生态因素和社会、经济、技术条件,中国稻区可以划分为6个稻作区和16个稻作亚区。南方3个稻作区的水稻播种面积占全国总播种面积的93.6%,稻作区内具有明显的地域性差异,可分为9个亚区;北方3个稻作区虽然仅占全国播种面积的6%左右,但稻作区跨度很大,包括7个明显不同的稻作亚区。

(一)华南双季稻稻作区

本区位于南岭以南,为我国最南部,包括广东、广西、福建、云南4省(自治区)的南部和台湾、海南省和南海诸岛全部。地形以丘陵山地为主,稻田主要分布在沿海平原和山间盆地。稻作常年种植面积约510万公顷,占全国稻作总面积的17%。本区水热资源丰富,稻作生长季260~365天,≥10°C的积温5 800~9 300℃,日照时数1 000~1 800小时;稻作期降水量700~2 000毫米,稻作土壤多为红壤和黄壤。种植制度是以双季籼稻为主的一年多熟制,实行与甘蔗、花生、薯类、豆类等作物当年或隔年的水旱轮作。部分地区热带气候特征明显,实行双季稻与甘薯、大豆等旱作物轮作。稻作复种指数较高。

本区分 3 个亚区:闽粤桂台平原丘陵双季稻亚区,滇南河谷盆地单季稻亚区,琼雷台地平原双季稻多熟亚区。

(二) 华中双、单季稻稻作区

本区东起东海之滨,西至成都平原西缘,南接南岭山脉,北毗秦岭、淮河。包括江苏、上海、浙江、安徽、湖南、湖北、四川、重庆等省市的全部或大部,以及陕西、河南两省的南部。属亚热带温暖湿润季风气候。稻作常年种植面积约 1 830 万公顷,占全国稻作面积的 61%。本区属亚热带温暖湿润季风气候,稻作生长季 210~260 天,≥10℃的积温 4 500~6 500℃,日照时数 700~1 500 小时,稻作期降水量 700~1 600 毫米。稻作土壤在平原地区多为冲积土、沉积土和鳝血土,在丘陵山地多为红壤、黄壤和棕壤。本区双、单季稻并存,籼、粳、糯稻均有,杂交籼稻占本区稻作面积的 55% 以上。在 20 世纪 60~80 年代,本区双季稻占全国稻作面积的 45% 以上,其中,浙江、江西、湖南省的双季稻占稻作面积的 80%~90%。20 世纪 90 年代以来,由于农业结构和耕作制度的改革,以及双季早稻米质不佳等原因,本区的双季早稻面积锐减,使本区稻作面积从 80 年代占全国稻作面积的 68% 下降到目前的 61%。尽管如此,本区稻米生产的丰歉,对全国粮食形势仍然起着举足轻重的影响。太湖平原、里下河平原、皖中平原、鄱阳湖平原、洞庭湖平原、江汉平原、成都平原历来都是中国著名的稻米产区。耕作制度为双季稻三熟或单季稻两熟制并存。长江以南多为单季稻三熟或单季稻两熟制,双季稻面积比重大,长江以北多为单季稻两熟制或两年五熟制,双季稻面积比重较小。四川盆地和陕西南川道盆地的冬水田一年只种一季稻。

本区分 3 个亚区:长江中下游平原双单季稻亚区,川陕盆地单季稻两熟亚区,江南丘陵平原双季稻亚区。

(三) 西南高原单、双季稻稻作区

本区位于云贵高原和青藏高原。包括湖南、贵州、广西、云南、四川、西藏、青海等省(自治区)的部分或大部分,属亚热带高原型湿热季风气候。气候垂直差异明显,地貌、地形复杂。稻田在山间盆地、

山原坝地、梯田都有分布,高至海拔2 700米以上,低至160米以下,立体农业特点非常显著。稻作常年种植面积约240万公顷,占全国稻作总面积的8%。稻作生长季180~260天,≥10℃的积温2 900~8 000℃,日照时数800~1 500小时,稻作生长期降水量500~1 400毫米。稻作土壤多为红壤、红棕壤、黄壤和黄棕壤等。本区稻作籼粳并存,以单季稻两熟制为主,旱稻有一定面积,水热条件好的地区有双季稻种植或杂交中稻后养留再生稻。冬水田和冬坑田一年只种一熟中稻。本区病虫害种类多,危害严重。

本区分3个亚区:黔东湘西高原山地单、双季稻亚区,滇川高原岭谷单季稻两熟亚区,青藏高原河谷单季稻亚区。

(四)华北单季稻稻作区

本区位于秦岭—淮河以北,长城以南,关中平原以东,包括北京、天津、山东的全部,河北、河南省大部,山西、陕西、江苏和安徽省的一部分,属暖温带半湿润季风气候,夏季温度较高,但春、秋季温度较低,稻作生长季较短。常年稻作面积约120万公顷,占全国稻作总面积的4%。本区稻作生长期≥10℃积温4 000~5 000℃,年日照数2 000~3 000小时,年降水量580~1 000毫米,但季节间分布不均,冬春干旱,夏秋雨量集中。稻作土壤多为黄潮土、盐碱土、棕壤和黑黏土。本区以单季粳稻为主。华北北部平原一年一熟稻或一年一季稻两熟或两年三熟搭配种植;黄淮海平原普遍一年一季稻两熟。灌溉水源主要来自渠井和地下水,雨水少、灌溉水少的旱地种植有旱稻。本区自然灾害较为频繁,水稻生育后期易受低温危害。水源不足、盐碱地面积大,是本区发展水稻的障碍因素。

本区分2个亚区:华北北部平原中早熟亚区,黄淮海平原丘陵中晚熟亚区。

(五)东北早熟单季稻稻作区

本区位于辽东半岛和长城以北,大兴安岭以东。包括黑龙江及吉林省全部、辽宁省大部和内蒙古自治区的大兴安岭地区、通辽市中部的西巡河灌区,是我国纬度最高的稻作区域,属寒温带—暖温带、湿润—半干旱季风气候,夏季温热湿润,冬季酷寒漫长,无霜期短。

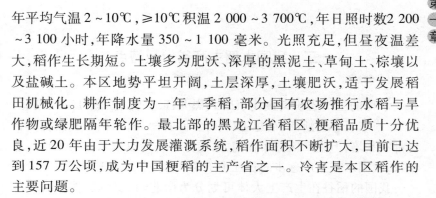

年平均气温2~10℃，≥10℃积温2 000~3 700℃，年日照时数2 200~3 100小时，年降水量350~1 100毫米。光照充足，但昼夜温差大，稻作生长期短。土壤多为肥沃、深厚的黑泥土、草甸土、棕壤以及盐碱土。本区地势平坦开阔，土层深厚，土壤肥沃，适于发展稻田机械化。耕作制度为一年一季稻，部分国有农场推行水稻与旱作物或绿肥隔年轮作。最北部的黑龙江省稻区，粳稻品质十分优良，近20年由于大力发展灌溉系统，稻作面积不断扩大，目前已达到157万公顷，成为中国粳稻的主产省之一。冷害是本区稻作的主要问题。

本区分2个亚区：黑吉平原河谷特早熟亚区，辽河沿海平原早熟亚区。

（六）西北干燥区单季稻稻作区

本区位于大兴安岭以西，长城、祁连山与青藏高原以北，包括新疆、宁夏的全部，甘肃、内蒙古和山西省（自治区）的大部，青海省的北部和日月山以东部分，陕西、河北省的北部和辽宁省的西北部。东部属半湿润—半干旱季风气候，西部属温带—暖温带大陆性干旱气候。本区虽幅员广阔，但常年稻作面积仅30万公顷，占全国稻作总面积的1%。光热资源丰富，但干燥少雨，气温变化大，无霜期160~200天，年日照时数2 600~3 300小时，≥10℃积温3 450~3 700℃，年降水量仅150~200毫米。稻田土壤较瘠薄，多为灰漠土、草甸土、粉沙土、灌淤土及盐碱土。稻区主要分布在银川平原、天山南北盆地的边缘地带、伊犁河谷、喀什三角洲、昆仑山北坡。本区出产的稻米品种优良。种植制度为一年一季稻，部分地方有隔年水旱轮作，南疆水肥和劳畜力条件好的地方，有麦稻一年两熟。

本区分3个亚区：北疆盆地早熟亚区，南疆盆地中熟亚区，甘宁晋蒙高原早中熟亚区。

二、我国水稻主产省份及特点

水稻的主产省份有湖南、江西、黑龙江、江苏、安徽、广西、湖北、四川、广东、云南、浙江、福建、贵州等。除青海外,水稻在我国各个省份都有栽培,但主产区分布在南方,南方各省均以稻米作为主食。近年来,我国水稻生产逐步向长江中下游和黑龙江水稻产区集中。

我国的稻谷在生产上大体可划分为南北两大稻区:按秦岭—淮河一线分界,长江流域的主要省市上海、江苏、浙江、安徽、湖南、湖北、江西、四川及贵州、云南、广东、广西、福建等省市自治区,以及陕西和河南南部为中国南方稻区,以种植籼稻为主,籼粳并存;北京、天津、山西、内蒙古、山东、河南中部和北部、黑龙江、吉林、辽宁、陕西中部和北部、宁夏、甘肃、新疆等省市自治区为中国北方稻区,基本上种植粳稻。

粳稻主要分布于东北粳稻生产区、华北粳稻生产区、西北粳稻生产区、长江中下游粳稻生产区和西南云贵高海拔粳稻生产区。包含东北三省、内蒙古、华北、西北及江苏、上海、浙江、湖北、安徽和云南等省市。

籼稻主要分布于中国南方 16 个省(市、区),即海南、广东、广西、湖南、湖北、云南、贵州、四川、重庆、福建、江西、浙江、江苏、安徽、陕西和河南。其中四川、重庆、江西、广西、广东、福建和海南水稻种植基本上全部是籼稻。以下选择不同生态区省份的水稻生产情况做以简单介绍。

(一)河南省水稻生产概况

河南省地处黄淮流域,横跨华北单季稻稻作区和华中双、单季稻稻作区,是我国籼粳稻过渡地带,是典型的稻麦两熟制种植区,光热资源丰富,秋季昼夜温差大,无霜期 200 天以上,多数地区可实行稻麦两熟,淮河以南还可种双季稻。年降水量 600 ~ 1 200 毫米,并集中在 7 ~ 9 月,有利于水稻生长。河南省种稻历史悠久,距今有 5 000 多年的历史。全省水稻种植分布广泛,有 100 多个县市区种植水稻。按自然分布状况河南可划分为豫南、豫中北两大稻区。北部稻区主要是指以新乡、濮阳、开封等地为代表的沿黄稻区,是河南省优质粳稻的集中生产基地,以引黄灌溉、稻麦两熟制种植为特点,是闻名全国的优质粳米产地。中部稻区包括沙颍河、伊洛河稻区,种植较分散,是籼粳稻混种地带。南部稻区包括淮南、淮北和南阳市三个分区,水稻种植历史悠久,水稻种植条件和品种类型等同于长江流域,是我国采用稻麦两熟制种植最早的区域,是河南省的水稻主产区,以种植杂交中籼稻为主,部分地区开始发展种植优质粳稻。豫南稻区水稻种植面积占全省水稻种植面积的 75% 以上。河南省 2012 年水稻种植面积 64.8 万公顷,是河南省的第二大秋粮作物、第三大粮食作物,单产 506.6 千克/亩,居河南省主要农作物之首。占秋粮种植面积的 14%,稻谷占秋粮总产的 20%。主要集中种植于豫南稻区和沿黄稻区,分别占全省水稻面积的 75% 和 20%,多为稻麦(油)一年两熟。在豫南淮河流域和豫北沿黄地区是不可替代的高产稳产粮食作物,是该地区农业增产农民增收的主要支柱产业。河南省粮食核心区建设规划提出:到 2020 年水稻面积由 2007 年的 60 万公顷扩大到 73.3 万公顷,单产由 485 千克/亩提高到 550 千克/亩,增加生产能力 65 千克/亩。

(二)黑龙江水稻生产概况

黑龙江省是高纬度寒地稻作区,属于东北早熟单季稻稻作区,夏季日照长,光辐射量大,≥10℃积温 2 120 ~ 2 883℃,光温资源可满足早熟和特早熟粳稻品种的生育要求,水稻生育期 121 ~ 148 天。水稻种植面积占北方 14 省水稻种植面积的 41.5%,占东北总面积的 58.1%,是种植面积最大的省份。黑龙江省水稻种植面积占据北方稻作区的主要位置,对于稳定北方稻作区水稻生产、发展寒地稻作经济具有重要的促进作用。自 1984 年以来,黑龙江省水稻生产迅速发展,尽管期间也出现减少时期,但目前处于一个新的大发展时期,总的发展速度之快,以及对全国稻米市场的影响程度之大是前所未有的。黑龙江省的水稻生产过程中,低温是限制水稻生产的主要因素之一,具有周期性、突发性和群发性等特点,从 1964～2002 年的 40 年中,冷害出现 29 次,占总年数的 30.2%,低温造成的减产多在 20%,甚至绝产。稻瘟病是限制黑龙江省水稻生产的主要因素。从 1964 年至今,每年个别地区都有稻瘟病的发生,品种及程度有差异。42 年来在历史上发病较重的年份有 14 次,减产幅度也各不相同。2005 年全省发生面积达 83 万公顷,其中 3.8 万公顷颗粒无收,2008 年稻瘟病发生面积接近 66.7 万公顷。随着自然生态环境的破坏,土壤盐渍化比较严重,黑土耕层逐年变浅,土壤有机质含量有的地块不足 5%,又由于长期地下水的盐渍化作用,使得盐渍化土壤面积扩大的比较严重,全省已经突破 66.7 万公顷,不利于水稻的生长。全省水旱灾害较重,多以西部为主,1949～2004 年 56 年间旱灾累计受灾面积 7 867 万公顷,平均每年受灾面积 140 万公顷,占播种面积的 17.8%。且春旱多于夏秋旱,主要原因是受河流枯水制约,临界期缺水,造成作物减产。水源总量偏少,水资源地区分布不均,而且与土地资源的分布不协调,河川径流主要集中于山丘区和边境河流,而耕地主要集中于松嫩和三江两大平原区,约占全省耕地面积的 80% 以上。黑龙江省的水稻发展,应该在建设水利工程的前提下,再扩大水稻种植面积,才能避免干旱的危害和保证水稻生产发展。

(三)江苏省水稻生产概况

江苏省地跨中亚热带、北亚热带和南温带,南北稻区分属于华北单季稻稻作区和华中双、单季稻稻作区。水稻是江苏第一大粮食作物,全国粳稻种植面积第二大省份,以稻麦两熟种植为主,其种植面积和总产分别占全省粮食的 40% 和 60%,全省 80% 的城乡居民以稻米为主食。2012 年全省水稻种植面积 225.42 万公顷,平均单产 561.9 千克/亩,总产 1 900 万吨,单产居全国水稻主省之首。创立了以生育进程、群体动态指标、栽培技术措施"三定量"和作业次数、调控时期、投入数量"三适宜"为核心的水稻精确定量栽培技术,实现了水稻"高产、优质、高效、生态、安全"综合目标。创造了稻麦两熟制条件下水稻亩产 937.2 千克的全国纪录,并在云南刷新了亩产 1 287 千克的世界纪录。该技术被农业部列为全国水稻高产主推技术,在全国 20 多个省(市、区)已累计推广 1 亿多亩,取得了巨大的经济、社会和生态效益。近几年来以机插秧为代表的水稻种植机械化得到了长足的发展,2010 年达到 91.9 万公顷,水稻机插率达到全省水稻种植面积的 41.8%,同时,随着化除技术的突破,种植品种改良,水稻直播技术也在江苏省快速发展起来,至 2010 年全省水稻直播面积接近66.7 万公顷。

(四)湖南省水稻生产概况

湖南省属于华中双、单季稻稻作区,全国重要的双季稻适宜产区,我国水稻种植面积最大的省份,历年来播种面积和总产量均居全国首位。虽人多地少,人均耕地仅 0.86 亩,远小于全国人均耕地面积,仍享有"湖广熟,天下足"之美誉,为保障国家粮食安全发挥了重要作用。近 5 年湖南省水稻年播种面积在 393.2 万 ~ 409.5 万公顷,平均 403.3 万公顷,年稻谷总产 2 528 万 ~ 2 631 万吨,年均总产2 564 万吨,单产 414.5 ~ 428.6 千克/亩,平均 423.7 千克/亩。湖南省水稻总产虽然居全国首位,但单产偏低,早稻平均 360.7 千克/亩,中稻平均 469.4 千克/亩,晚稻平均 402.7 千克/亩。

湖南省水稻单产偏低的原因

☞ 病虫危害严重。纹枯病、稻螟虫、稻飞虱、稻纵卷叶螟等病虫害几乎年年造成重大损失。据统计,2003 ~ 2006 年,湖南省每年因病虫害减产稻谷 70 万吨以上。

☞ 自然灾害发生频繁。湖南省是自然灾害的多发区,干旱、洪涝、盛夏高温、寒露风等对水稻生产危害较大,如 2001年、2003 年、2005 年全省受旱面积均在 50 万公顷以上,造成部分地区稻谷大幅度减产,严重影响了水稻单产的提高。

☞ 栽培技术有待提高。目前,湖南省按传统方式种植水稻的比例还比较大,新技术普及率有待提高。

（五）广东省水稻生产概况

广东省地处华南双季稻稻作区，北靠南岭山脉，南临南海，稻区辽阔，横跨热带和亚热带。水稻安全生育期 220～280 天。稻田种植制度以双季稻为主，2012 年水稻种植面积 194.9 万公顷，其中早稻93.6 万公顷，平均亩产 380.7 千克/亩，晚稻 101.4 万公顷，平均亩产389.5 千克/亩。多数稻田一年可种三熟，与水稻轮作的春秋旱作物主要有花生和甘薯等。

广东省灾害性天气

☞ "四风"：台风、寒露风、清明风、干热风。

☞ "三水"：龙舟水（芒种水）、秋分水、早春低温阴雨。

☞ "二旱"：春旱、秋旱。自然灾害中尤以台风和寒露风的危害大。

主推水稻栽培技术是"控肥、控苗、控病虫"的"三控"技术，目前已被农业部列为十项水稻主推技术之一，成为继抛秧技术之后，广东省又一个年应用面积突破千万亩的水稻栽培新技术。

（六）云南省水稻生产概况

云南省属于西南高原单、双季稻稻作区，水稻是云南省的第一大作物，是全省 2/3 人口的口粮，因此，水稻生产是云南省粮食作物的重中之重。2012 年全省水稻种植面积 108.3 万公顷，种植面积居全国第 10 位。陆稻种植面积为 9.5 万公顷，位居全国首位。全省粮食生产基本实现了自给平衡。云南水稻研究和开发起步早，"九五"以来发展速度加快。利用丰富多彩的稻种质资源选育出了一些具有云南特色的优质香软、紫米品种（组合）并应用于生产。地方品种，如八宝米、遮放米、细老鼠牙、鸡血糯以及紫米等得到继承和发展。继滇陇 201、滇瑞 408 等品种评定为部优品种之后，按部颁标准，评定出省优品种 39 个。滇屯 502，滇瑞 449，文稻 1、2 号，云恢 290 等评定为部优品种。文稻 2 号和云恢 290 分别获中国农业博览会和中国上海优质农产品博览会金质奖,滇瑞 449 获银质奖。普及应用旱育秧、抛摆秧及配方施肥、微机施肥,节水栽培、轮作、生物防治等技术,水稻多样性混栽、电脑农业专家系统示范等已成为水稻生产的重点技术。

第二节
水稻种植制度的演变

一、我国主要的水稻种植制度

水稻种植制度是指在同一块耕地上,以水稻为主的几种作物种植的方式,它还包括与此有关的作物品种、土壤耕作、施肥灌溉、防除病虫草害等配套技术。合理的稻田种植制度,必须与当时当地的气候和生产条件、社会经济发展等因素相适应,充分利用温、光、水、土壤等自然资源,达到增产增收的目的。

(一)水稻种植制度演变

据古书记载,公元 1 世纪,河南南阳一带就有稻麦两熟栽培,公元 2 ~ 3 世纪有稻田种植绿肥和双季稻的记载,公元 4 ~ 5 世纪长江流域已有小麦、水稻,大豆、水稻,双季稻连作等多种种植方式;公元 10 世纪由于北方人口南迁,使稻麦两熟制在长江流域得到进一步的巩固和发展。公元 14 ~ 16 世纪,湖南衡阳县有"绿肥 – 水稻 – 大豆"三熟制,公元 17 ~ 18 世纪福建有麦稻稻三熟制记载。

(二)水稻种植制度类型

依据一年内收获作物的次数,可分为一熟制、二熟制、三熟制。

1."水稻－冬闲"一熟制

主要分布在东北、西北、华北等稻区,气温低,全年生长季节短的地区以及华中稻区水利不便的冬水田、沤田集中的地区。近年来,随着农村劳动力的大量转移,一年一熟的种植方式有扩大的趋势。

2."小麦(或油菜、绿肥等)－水稻"二熟制

分布于华南到华北的广阔稻区。小麦、水稻均为高产粮食作物,稻麦两熟对我国粮食增产,保障粮食安全具有重要意义;油菜为重要油料作物,兼有养地作用;绿肥为养地作物,在不利于种植小麦、油菜的田块或相互轮换种植,有利于保持地力,持续增产。

3."水稻－水稻－休闲"二熟制

由以前的绿肥加双季稻三熟制演变而来,是目前我国南方双季稻生产区的主要种植制度。

4."大豆(或花生)－水稻"或"水稻－大豆(或花生)"两熟制

"大豆(或大豆间作玉米)－水稻"主要分布在长江流域,"花生－水稻"主要分布在广东。这类方式由于稻田土壤回旱时间较长,而且大豆、花生均为豆科养地作物,有利于土壤理化性质的改善,对后作水稻有明显的增产作用。

5."小麦(或大麦、油菜、绿肥等)－水稻－水稻"三熟制

又称双季稻三熟制,这类方式的形成和发展是20世纪70年代稻田种植制度的重要成果,主要分布在长江流域及其以南人多地少、生产条件优越的地区,但农事季节十分紧张,常常招致减产或产量不稳,目前应用面积很小。

(三)水稻种植制度的发展

20世纪90年代以来,随着我国农业新品种、新技术、新材料的广泛应用和市场经济的建立与不断完善,我国稻田种植制度发生了新的变化,主要包括两个方面:一是在确保粮食稳定增长的同时,适当减少粮食作物的播种面积,以市场为导向,把经济、饲料、蔬菜、瓜果等作物纳入到稻田种植制度中;二是运用间套作等复种模式和配套技术,通过作物的合理接茬,建立以水稻为主体的、以提高经济效益和作物品质为重点的多元化高产高效多数种植制度,不断提高光、

热、水及土地等自然资源的利用率,实现土地生产率和劳动生产率的同步提高。根据各地生态条件和社会经济条件,分为一年一熟制、一年两熟制、一年三熟制、一年四熟制或二年三熟制、二年五熟制等。主要的生产模式介绍如下。

1. "水稻 – 蔬菜"模式

由水稻和多种蔬菜组成的高效种植类型。如马铃薯 – 早稻 – 晚稻、马铃薯 – 中稻 – 大蒜、花椰菜 – 早稻 – 晚稻、青花菜 – 早稻 – 晚稻、小白菜 – 早稻 – 晚稻、生菜 – 早稻 – 晚稻、大蒜(马铃薯)/早辣椒 – 晚稻、大麦/鲜食玉米(毛豆) – 晚稻、榨菜 – 小黄瓜 – 晚稻、蒲瓜 – 晚稻、小辣椒 – 晚稻、茄子 – 晚稻等。

2. "水稻 – 瓜果"模式

主要有大棚草莓 – 早稻 – 晚稻、大棚草莓 – 中稻、油菜/西瓜 – 晚稻、大蒜/西瓜 – 晚稻、马铃薯/瓜类(包括西瓜、南瓜、黄瓜、冬瓜等) – 晚稻、大棚小番茄 – 晚稻、番茄 – 晚稻等种植模式。

3. "水稻 – 饲肥"模式

在稻田中扩大饲料作物,实行农牧结合,是稻田种植制度发展的重要方向之一。它对解决饲料短缺问题和促进农村畜牧业的发展起到了积极作用。如小麦 – 玉米(大豆) – 晚稻、麦类 – 早稻 – 玉米(大豆)、马铃薯/玉米 + 大豆 – 晚稻、紫云英(青饲料) – 春玉米 – 晚稻、油菜 – 早稻 – 玉米(甘薯、大豆 + 甘薯)、黑麦草 – 早稻 – 晚稻等。

4. "水稻 – 食用菌"模式

在稻田中进行食用菌的培育,可大幅度提高稻田的经济和社会效益。如金针菇 – 早稻 – 晚稻、袋料香菇 – 早稻 – 晚稻、袋料香菇 – 晚稻、小麦/西瓜 – 晚稻 + 平菇、小麦/西瓜 + 辣椒 – 晚稻 + 平菇等种植模式。

5. "水稻 – 中药材"模式

在我国南方地区,将一些药用植物种植在稻田中,与水稻等作物构成进行的种植模式。不仅增加了农民的经济收入,而且促进了丘陵山区的中药材产业市场的发展。如元胡 – 早稻 – 晚稻、元胡/玉米

－晚稻、贝母/玉米－晚稻、西红花－早稻－晚稻、百合＋萝卜－西瓜
－晚稻、车前－晚稻等模式。

6. "水稻－工业原料"模式

在我国南方产烟区,实行"烟草－晚稻"水旱轮作复种,具有显著
的增产增收效果。另外,在一些传统席草产区,实行"席草－晚稻"种
植模式,有利于当地席草产业的发展,有的地区已成为席草的出口贸
易基地。

7. "水稻－鱼类"模式

稻田养鱼在我国有着悠久的历史,20世纪90年代得到了广泛应
用。主要包括稻鱼共生和稻鱼轮作两种模式,前者主要用于增殖育
苗,后者用于饲养成鱼或大规格鱼苗。另外,还有稻田养泥鳅、稻田
养虾、稻田养螺、稻田养蛙等多种形式的种养结合模式。该模式不仅
能促进水稻增产,增加农民经济收入,而且有利于无公害大米生产,
并可以改良土壤,改善生态环境。

8. "水稻－家禽"模式

近年来,稻鸭种养结合在过去稻田放鸭的基础上有了很大的发
展,已从以前仅利用水稻收获季节稻田放鸭,发展到稻田水稻生育时
期的全天候稻鸭共育。同时,也从开始的稻鸭种养结合,逐渐扩展到
稻鸡轮养、稻饲鹅轮作等,从稻田水稻单季的一种一养结合模式,
到稻田周年多种多养结合模式,从稻田种养结合二元生产模式,发
展到种养加三元产业化开发模式。如稻田两种(水稻、黑麦草)、三
养(两季鸭、一季鸡)、三种(水稻、绿萍、黑麦草)五养(三季鸭、两
季鸡)等。

第三节
我国水稻生产的发展

一、水稻生产现状

水稻是我国乃至世界的主要粮食作物,主要种植区在亚洲,占全球面积的90%以上,中国是世界水稻生产和消费大国,总产量居世界第一位。我国水稻种植面积约2 900万公顷,播种面积占全国粮食播种面积的30%,稻谷总产量占粮食总产的40%,其中84%的稻米是直接消费的口粮,全国有60%以上的人口以稻米为主食。从事稻作生产的农户接近农户总数的50%。人口增加和耕地减少是我国的基本国情,未来粮食需求呈刚性增长,而粮食增产制约因素增多,我国粮食安全依然面临严峻挑战。

中国水稻单产由新中国成立初期的不足133.3千克/亩增加到400千克/亩左右,稻谷产量由1949年的4 865万吨快速增长到1997年的20 074万吨历史最高纪录,在保证人民生活需要、促进经济建设等方面发挥了重要作用。随后受供求关系、价格、结构调整等因素影响,南方早籼稻面积大幅度减少,稻谷产量开始明显下降,2003年下降到16 065万吨。20世纪80年代以来,水稻总产占粮食总产比例呈下降趋势,由1980年的43.05%下降到2005年的37.31%。1980~1984年为第一个快速发展阶段,水稻产量由1980年的年均增长达到959万吨;1985~1994年为缓慢发展阶段,年均增长只有82万吨;1995~1997年为第二个快速发展阶段,水稻产量由1995年的18 523万吨增至1997年的20 074万吨,达到历史最高水平,年均增长达775万吨;此后6年水稻生产出现大幅度滑坡,2003年下降到16 066

万吨,为 20 世纪 90 年代以来的最低产量。

2004 年以来,中央连续出台了一系列重大强农惠农政策,中国水稻单产、面积和总产量均呈现恢复性快速增长态势,2012 年稻谷播种面积 3 013.3 万公顷,稻谷总产量 204 235 万吨,实现了水稻连续 9 年丰收,为中国粮食生产连续 9 年增产做出了重要贡献。

中国水稻生产用种经历了从高秆农家品种到高秆改良品种,再到矮秆改良品种,水稻单产提高了 20%～30%,从矮秆改良品种到杂交品种又提高了约 20%,目前正向比现有品种提高 15%～20%,绝对单产达到 800～1 000 千克/亩的超级稻品种迈进。中国水稻育种从矮秆和半矮秆到杂交稻、超级稻育种及其大面积推广应用,为中国乃至世界粮食安全做出了巨大贡献。

二、稻米的消费与需求

(一)籼稻和粳稻的生产及其消费需求

籼稻和粳稻是世界上两个主要的栽培稻亚种,也是中国两个主要的栽培稻亚种。长期以来,中国水稻种植一直以籼稻为主,粳稻为辅,粳稻种植面积占水稻总面积的比重较小。20 世纪 80 年代中国水稻种植基本上是籼稻,粳稻种植面积只占水稻种植面积的 11%,粳稻产量也仅为稻谷产量的 10.76%。随着居民生活水平的提高和消费习惯的改变,人们对粳米的消费偏好增加,籼米口粮消费在稻米口粮消费中的比重逐年下降。特别是进入 20 世纪 90 年代后,粳稻的种植区域进一步扩大,面积和产量不断增加。1980～2005 年,中国粳米产量在稻米总产量中所占比例由 10.8%增至 28.7%,籼米产量所占比例由 89.2%降至 71.3%。1990～2004 年,中国居民人均籼米食用消费量从 75.5 千克降为约 55.8 千克,籼米食用消费总量从 8 632 万吨降至约 7 253 万吨;粳米人均食用消费从 18.4 千克增至约 24.7 千克,粳米食用消费总量从 2 104 万吨增至 3 211 万吨。

粳稻种植面积虽然不及籼稻,但是,由于其生物学特性具有超越籼稻的高度耐寒性,它既可以在籼稻区种植,更可以在籼稻难以种植的高纬度高寒地带或低纬度高海拔地带种植,种植范围比籼稻更广。北至高寒的黑龙江,南到云、贵、藏高原,西至新疆,东到台湾、浙江及上海。其栽培范围之广,经纬度和海拔高度跨幅之大,是籼稻无可比拟的。

中国常年粳稻面积约占世界粳稻面积的 56.1%,总产量占世界粳稻总产的 58.5%,单产水平较世界平均高 4.1%。粳稻面积仅次于中国且种植面积超过 66.67 万公顷的还有日本和韩国,产量较高的还有美国、澳大利亚和埃及。未来优质粳米的进口国家和地区将是日本、韩国和中国的台湾,而中国、美国和澳大利亚则有可能成为优质粳米出口市场的三个主要竞争国。在国际稻米贸易中,优质粳米占 12%～15%。从国际稻米市场的发展趋势看,优质粳米的发展潜力大于优质籼米。

粳米质佳、口感好,在国内外市场深受消费者欢迎,国内销售价格每千克比籼稻高 0.4 元左右,按平均亩产 500 千克计算,农户种植一亩粳稻可增加纯收入 100～150 元。此外,粳稻整精米率一般比籼稻高 5%～8%。据研究,农村居民人均收入每提高 1%,粳米消费量增加 0.14%。2009 年全国粳稻种植面积 846.7 万公顷,占水稻种植面积的 29%,平均亩产 487 千克左右,比籼稻平均亩产高 15.4% 以上。中国粳稻种植面积虽只有水稻总种植面积的 1/4 多一些,但粳米几乎 100% 是直接作为口粮消费,而且随着国民经济发展和人民生活水平的提高,国内外稻米市场对粳米的需求日益增长。

中国加入 WTO 后,水稻是唯一受冲击最小并具有一定竞争力的粮食作物。在水稻经济中,粳稻发展潜力十分巨大。从国内外籼米和粳米的历史演变看,中国台湾、江苏历史上都以种植籼稻为主,吃籼米为主,近年来都改种粳稻以吃粳米为主,韩国由粳改籼近年又由籼改粳,日本则一直以优质粳稻著称。国际市场上,中国粳米向日本、韩国等国家出口也不断增加。近几年中国粳稻生产快速发展,城乡居民对粳米需求也快速增加,粳米生产量满足不了消费的需求。从水稻生产内部看,粳稻的比较效益最高,中晚籼次之,早籼最差。

据调查,中国 1995 年粳稻生产税后纯收益分别是早、中、晚籼稻的 2.25 倍、1.49 倍、1.64 倍,到 2001 年又分别是早、中、晚籼稻的 9.13 倍、1.65 倍、2 倍,粳米价格一般比籼米高 0.4 元/千克,因此,南北过渡地带实施"籼改粳"工程,是顺应稻米市场形势变化,结合地域特点而做出的明智而正确的选择。

从区位优势上看,华北和西北因水资源限制,不可能再大幅度扩大粳稻种植面积,江苏的粳稻发展也已接近极限,有扩展潜力的只有东北稻区、江淮流域和华南的籼稻改粳稻地区。从杂种优势利用上看,到目前为止,杂交籼稻占籼稻种植面积的 70% 左右,而杂交粳稻仅占粳稻种植面积的 3% 左右。2010 年 5 月 6 日农业部专题研究落实国务院领导关于扩大粳稻生产的重要批示精神,明确指出:确保粮食安全的核心是口粮,口粮供给的重点是稻米,稻米供给的关键是粳稻。

不同品种稻米的消费呈现明显的区域性特征。中国籼稻主产区为籼米的主要消费区,长江流域以南地区稻米消费多以籼米为主。长江流域以北地区稻米消费以粳米为主,东北、华北、西北是粳米消费的主要地区,南方省份中江苏、浙江、湖北和四川是粳米产量和消费量都较高的地区,上海也是南方粳米的主要消费地。近年来,随着区域间人员的交流以及物流、信息流的传播,各地间的饮食文化得以互相交流,消费习惯发生变化,加上全国市场的形成,稻米的消费区域不断发生变化,主要表现在北方居民人均消费稻米数量在逐渐增加,也逐渐扩大了对粳米的消费。与此同时,粳米消费也逐渐向长江流域以南地区渗透,这导致上海、江苏和浙江的稻米消费从籼米向粳米转变,广东、广西等地的粳米消费也不断扩大。

从稻米国内贸易来看,随着人们生活水平的提高,大中城市流动人口增多,全国各地稻米消费区域不断增加。北方居民人均稻米消费量逐渐提高,而南方居民消费粳米的数量也不断增加,国内稻米市场将逐步形成一体化格局。从稻米国际贸易来看,中国籼米缺乏价格优势,而粳米较具竞争力,所以中国进口以籼米为主,出口以粳米为主,进口以南方为主,出口以东北为主。

改革开放后,大量耕地被占用,中国水稻种植面积的变化趋势是逐年减少的。与水稻种植面积相比,中国粳稻种植面积总体上是逐步增加的。2000 年以来,中国粳稻种植面积超过水稻种植面积的 20% 以上,且比例逐年增加。依据粳稻分布地区的自然禀赋和地理区位,中国粳稻生产地区主要分为东北粳稻生产区、华北粳稻生产区、西北粳稻生产区、长江中下游粳稻生产区和西南云贵高海拔粳稻生产区。历经 2001~2003 年的减产后,2004 年以来,东北地区的粳稻生产发展很快,并且呈不断增长趋势,东北粳稻产量占全国粳稻总产量的比重不断增加,2010 年已经提高到 45.60%;长江中下游粳稻生产区粳稻产量基本保持稳定,2000~2010 年,长江中下游五省粳稻产量占全国粳稻总产量的比重逐渐下滑,2010 年下降到 39.95%,长江中下游地区粳稻增长潜力有限。

中国粳米的消费需求不断增加的原因

在其他稻米的人均消费量下降的情况下,中国粳米的消费需求不断增加,主要原因有:

☞ 随着人民生活水平的提高,市场上高端、优质粳米的需求不断提高。

☞ 中国北方居民喜食粳米是历来的习惯。

☞ 随着城镇化的推进,越来越多农民来到城市打工甚至安家,增加了粳米的消费。北方居民习惯消费粳稻米,因此,北方的城市化发展将促进粳米消费的进一步增加。

☞ 国内市场流通渠道的改进以及南北人口流动,让更多南方人吃上了粳米,并喜欢上了粳米的口感,从而增加了中国南方粳米的需求。

☞ 未来随着人民生活水平的继续提高,对粳米的需求量必然越来越大。

（二）目前我国稻谷生产基本满足国内需求

1. 我国稻米供求平衡并略有结余

1978 年我国稻谷产量是 1.369 3 亿吨,人均占有量 142.3 千克,当时由于缺乏动物性食品,不能满足城乡居民的温饱。1978 年我国农村改革以来,稻谷人均占有量在 1978～1984 年短短 6 年间迅速增长,1984 年即达到历史最高值 170.8 千克。与此同时,动物性食品也增长很快,温饱问题基本解决。此后稻谷人均占有量,实际上处在缓慢下降过程中,1990 年和 1997 年分别为 165.6 千克和 162.4 千克。2003 年是 1990 年以来稻谷生产的最低点,人均占有量仅 124.3 千克。2004 年以后,水稻生产恢复增长,2003～2010 年年均增长 2.86%,人均占有量在回升。

1990～2010 年我国稻谷产量和人均占有量

年份	稻谷产量（亿吨）	人均占有量（千克）
1990	1.893 3	165.6
1991	1.838 1	158.7
1992	1.862 2	158.9
1993	1.775 1	149.8
1994	1.759 3	146.8
1995	1.852 3	152.9
1996	1.951	159.4
1997	2.007 3	162.4
1998	1.987 1	159.3
1999	1.984 9	157.8
2000	1.879 1	148.3
2001	1.775 8	139.1
2002	1.745 4	135.9

年份	稻谷产量(亿吨)	人均占有量(千克)
2003	1.606 6	124.3
2004	1.790 9	137.8
2005	1.805 9	138.1
2006	1.817 2	138.2
2007	1.860 3	140.8
2008	1.919	144.5
2009	1.951	146.2
2010	1.957 6	146.1

资料来源:《中国统计年鉴》。

由于稻谷价格高于小麦和玉米,用于饲料比较少,加上食品工业加工用量变化不大,又没有新的工业深加工项目,因此,目前我国稻谷供求形势,尽管随着人口增长需求总量略有增加,人均占有量140多千克,总体上是能够满足需求并略有结余。

根据国家粮油信息中心分析,2000年以来,我国稻谷食品工业用量基本上在每年1 000万吨,最近两三年有所增加。2010~2011年度工业用量预计1 100万吨,饲料及损耗1 630万吨,种子用量120万吨,食用消费16 550万吨,以上各项国内消费总计19 400万吨。2010年我国稻谷总产量19 576万吨,略有结余。

2. 未来收入增长将导致稻米消费下降

根据东亚地区在经济发展中的经验,稻米消费的变化趋势,并非不断增加或是长期稳定不变,而是在达到中等收入阶段之后,人均稻米消费量开始明显下降。我国已经进入中等收入阶段,因此,今后随着城乡居民收入增长,肉、禽、蛋、奶、鱼等动物性食品以及其他食品消费量的增加,我国水稻的人均消费量将逐步下降。同时,稻米消费会朝着优质化的方向发展。

未来人均消费量会下降到什么水平,可以参考几个数据。2004

年,日本人均大米消费量大约 43 千克。2005 年,韩国人均大米消费量接近 83 千克。2006 年,中国台湾人均大米消费量大约 48 千克。另外,以华人为主体的新加坡,2005 年人均大米消费量大约 46 千克。限于资料,没有找到完全相同年份的数据,但是大体上是 2005 年前后的消费量,可以作为参考,其中除了韩国消费量比较高外,其他均没有超过 50 千克。我国 2005 年稻谷人均占有量是大约 138.1 千克,如果按照 70% 出米率折算大约是 97 千克大米,在东亚目前是最高的。因此,未来我国大米消费量下降的空间是很大的。

3. 立足国内确保水稻供给

未来稻米消费呈现下降趋势,对于我国水稻生产立足国内满足消费需求是有利的,只要没有严重灾害导致水稻明显减产,我国稻谷是能够自给的;稻米的进出口贸易以调节部分余缺为主,我国目前进口部分优质外国稻米(主要是泰国香米),出口部分不同品质的稻米。根据海关统计,2010 年我国出口稻米 62.2 万吨,进口 38.8 万吨,净出口 23.4 万吨;2011 年出口稻米 51.6 万吨,进口 57.8 万吨,净进口 6.2 万吨。无论是净出口还是净进口,数量都不大,属于调剂性进出口。

因此,我国在未来 10～20 年,主要依靠国内生产保障水稻需求是没有太大问题的。

(三)二十年来我国水稻供求关系的重大变化

1990～2010 年的 20 年间,尽管我国水稻生产整体上能够满足国内需求,但是,水稻主产区以及生产、流通和价格却发生一系列重大变化。

1. 水稻主产区主要变化是东北崛起

1990 年,我国水稻主产区按照产量多少排序,依次是湖南 2 468 万吨、四川(包括重庆)2 197 万吨、湖北 1 790 万吨、江苏 1 709 万吨、广东 1 678 万吨、江西 1 577 万吨、安徽 1 340 万吨、浙江 1 321 万吨、广西 1 201 万吨,共有 9 省区当年产量在 1 000 万吨以上,产量合计达到 15 291 万吨,占全国稻谷总产量的 80.8%。而 2010 年,我国水稻主产区产量排序,湖南 2 506 万吨、江西 1 858 万吨、黑龙江 1 844 万吨、江苏 1 808 万吨、湖北 1 558万吨、四川(不包括重庆)1 512 万吨、安徽 1 383 万吨、广西 1 121 万吨、广东 1 061 万吨,尽管各省区产量有变化,仍然有 9 省区当年产量在 1 000 万吨以上,产量合计为14 651.3 万吨,占全国总产量的 74.8%,下降 6%。在产量和排序变化中,最主要的是黑龙江进入千万吨省份,而浙江(2010 年 648 万吨)则退出千万吨省份。

1990 年以来,在全国水稻生产起伏波动的过程中,我国水稻的主产区变化的整体格局是,水稻生产重心略微由南向北转移。受价格高涨、经济效益良好的刺激,东北三省特别是黑龙江和吉林的粳稻迅速发展,成为我国新的水稻主产区。1990 年,东北三省水稻的播种面积为 163.52 万公顷,产量是 973 万吨,占全国总产量的 5.1%;1998年面积增加到 252.17 万公顷,产量增加到 1 690.2 万吨,分别增长54.2% 和 73.7%,产量已经占全国的 8.5%;2010 年面积增加到411.98 万公顷,产量增加到 2 870 万吨,分别增长 63.4% 和 69.8%。2010 年东北水稻产量已经占全国总产量的 14.7%。黑龙江 1990 年稻谷产量仅 314 万吨,2010 年比 1990 年增长 1 530 万吨,同期,吉林增长 279 万吨,辽宁增长 88 万吨,三省合计增长 1 897 万吨,不仅弥补了沿海发达地区产量的下降,而且提高了我国城市居民稻米消费的品质。

2. 沿海省份生产下降、消费增长影响全国形势

1992 年以来,我国经济持续高速增长,城市发展和基本建设大量占用耕地,沿海省份,许多过去的"鱼米之乡",水稻种植面积大量减少,特别是 1998 年以后更加明显。广东、福建、浙江等省 1998 年水稻面积 608.18 万公顷,2010 年为 373.1 万公顷,减少 38.7%,产量由3 550.7 万吨,减少到 2 216.7 万吨,减少 37.6%。

沿海省份不仅水稻生产量减少,而且由于经济发展,吸引大量农民工就业,稻米消费量大量增加。最典型的是广东省,目前常住人口全国第一,而以稻谷为主的粮食消费自给率,已经下降到不足 40%。

东南沿海省份产量的减少,主要是靠东北三省弥补。而水稻生产大省湖南、江西、安徽等 20 年间水稻生产形势也发生了变化。1990 年三省水稻面积 997.5 万公顷,2010 年 959.4 万公顷,减少3.8%,而 1990 年三省稻谷产量 5 396 万吨,2010 年 5 748 万吨,得益

于单产的提高,产量不但没有减少,反而增加将近 6.5%。如果没有中部这些省份单产和总产的增长,我国水稻供给有可能出现短缺。

目前我国粮食库存量为 2 亿吨左右,库存消费比均接近 40%。联合国粮农组织建议的库存消费比安全线是 17%～18%,我国高于世界平均库存消费比 1 倍多,按说应该能够从容应对国内需求的变化。然而,2003 年以来,每次世界粮食市场出现价格明显上涨,国内粮食价格在随之上涨的同时,国内外各种价格炒作信息,往往让人感到国家粮食储备在平抑粮食价格波动时,并不总是表现很得力,没有真正给人以库存充足的感觉。

主要问题在于南方主产区库存品种中,早籼稻比重很大,并不适应消费需求,同时,粮食主销区储备不太充足。大多数稻谷主销区库存量达不到 3 个月的销量,主销区出现稻米价格上涨时,往往缺乏足够的适销品种可用于平抑价格波动,只有在更多的稻谷从主产区运抵主销区时,价格才可能出现明显回落。因此,我国现有粮食储备结构和数量以及储备所在地应该进行适当调整,提高主销区稻谷库存。

总之,2004 年以来我国稻谷总体上是供给大于需求,价格出现波动归根到底并不是国内供给出现明显短缺。因此,只要把握我国人口增长和消费需求的变动趋势,保证稻谷的产量和质量满足消费需求,妥善应对各方面可能存在和出现的问题,我国稻谷供给和安全是可靠的。

三、我国水稻安全生产问题

(一)水稻安全生产的内涵

水稻安全生产是实现一个国家或地区的粮食"数量安全"和"质量安全"(即所谓的"双重安全")的重要保障。水稻安全生产通常包括水稻生产过程中的环境安全、生态安全、产品质量安全等几个方面的内容。其中环境安全问题一般是指水稻生产面临的异常气象气候灾害、稻田水土污染、大气污染、酸雨、土壤退化,以及在水稻生产过程中由于使用大量的化学肥料和农药对周边环境造成面源污染,如水体富营养化、土壤重金属污染等，还包括由于城镇建设以及其他非农利用而导致的稻田耕地数量减少等问题。生态安全问题通常是指由于水稻大面积的单一化种植和农用化学品的大量使用而造成的稻田生物多样性（特别是有益天敌生物）下降以及稻田生态系统服务功能的衰退问题、病虫害暴发问题、水稻品种自身的退化问题以及由于有害生物入侵（如稻田福寿螺、恶性杂草等）对水稻生产所带来的威胁。稻米质量安全问题主要是指由于化肥和农药等化学物质的大量使用以及不合理的栽培管理方式而造成的稻米品质（包括卫生品质和营养品质）的下降。环境安全、生态安全、产品质量安全之间是一个相互联系的有机整体，因此，在水稻生产过程中对三者必须兼顾，才能最终实现水稻安全生产目标。

（二）我国水稻安全生产存在的主要问题

1. 气象气候灾害问题

我国是世界上两条巨型自然灾害地带都涉及的国家，即北半球中纬度重灾带与太平洋重灾带的组成部分，因而成为世界上易灾、多灾与灾情严重的国家。在发生的自然灾害中农业气象灾害占70%左右，其中干旱、涝渍、冷害、寒害是最主要的农业气象灾害。在水稻生产过程中常见的气象气候灾害通常包括夏季高温（也称高温逼熟，即在南方地区7~8月出现连续3天及以上的日最高气温大于或等于35℃的天气）、低温（冷害、春寒、小满寒、寒露风等）、连续阴雨和寡照、暴雨和洪涝、冰雹、季节性干旱（春旱、夏旱）、台风、龙卷风等。我国不同地区遭受着不同类型和不同程度的气象灾害。这些气象灾害成为我国水稻安全生产的重要制约因素。

除了传统的气象气候灾害外，近几十年来，主要由于人类活动而造成的全球性气候变化，也将成为影响水稻等粮食作物安全生产的重要因素。大气二氧化碳浓度升高，将导致气候变暖，并进而引起大气环流模式、水分循环模式、降雨模式及其时空分布等的变化，最终造成作物生产格局和种植制度的改变。据葛道阔等（2002）的研究报道，全球气候变化对中国南方稻区水稻生产的影响将利弊并存，但弊大于利。

全球气候变化对中国南方稻区水稻生产的利与弊

不利因素主要表现在两个方面：

☞ 产量,未来 50 年除华中稻区北部和西南高原稻区的单季稻可望有小幅度增产外,其余地区的早稻和后季稻均可能明显减产,并且随着时间的推移,减产幅度呈增大趋势。

☞ 水稻生长季的水分条件,随着温度增高、蒸散量加大,未来 50 年研究区域的气候将变得不如目前湿润。

有利方面主要表现在：

☞ 充分的热量资源将有利于提高水稻复种指数,二氧化碳的增益作用也可以一定程度地抵消和补偿增温带来的负效应。

紫外线辐射增加也是当前面临的一个重要气象灾害。近年来太阳黑子和环境污染的加剧,地球大气臭氧层变薄,导致到达地球表面的紫外线辐射量持续增加。Caldwell 的试验结果显示:臭氧每减少 1%,地表的中波紫外线辐射将增加 2%,越来越多的研究证明,紫外线辐照的变化对地球生态系统的影响是广泛和深刻的。根据唐莉娜等(2002)盆栽试验研究表明,中波紫外线辐射增强明显抑制水稻生长,使株高变矮、分蘖数减少、叶面积和干物质量下降,但其抑制程度依品种、水稻所处的生长阶段的不同而不同。

2. 环境污染问题

水稻生产过程中的环境污染问题包括两层含义,一方面是指由于人类的工农业活动和城市化发展所造成的稻田环境污染问题,另一方面是指由于水稻生产过程对周边区域环境乃至全球环境造成的影响。

由于水稻生产过程中化肥和农药的大量使用,以及工业"三废"物质向农田的排放和污水灌溉,造成了较为严重的稻田环境污染问题。与国际化肥农药施用水平相比,中国化肥农药施用量居高不下,联合国粮农组织认定化肥安全用量为 15 千克/亩,我国 2000 年化肥用量达 22.6 千克/亩。南方经济发达地区如江、浙、沪等稻区单季稻化肥用量高达 39.2 千克/亩。中国单位面积的化肥用量是俄罗斯的 9 倍,是美国的 2.4 倍,每千克化肥的生产效率仅为上述两个国家的 1/4 和 1/3,总利用率仅为 30%。2000 年比 1990 年以后十年间全国化肥施用量增加了 90%,年用量高达 4 224.6 万吨,作物增产率仅为 6.5%。中国农药施用量也呈逐年急增的趋势,据农资部门报道,1950～1985 年的 35 年中我国累计用农药 815 万吨,平均每年用 24 万吨,2000 年用 30 余万吨,2004 年全国年用农药量竟达 120 万吨,比 1985 年增加 5 倍,比 2000 年增加 4 倍,平均耕地年施用量为 660 克/亩,约含各类有效成分 200 克/亩,长江三角洲发达地区稻作用药量达 870 克/亩。

　　同时,随着经济的高速发展,人类对煤、石油等化石燃料的需求日益增加,化石燃料在燃烧过程中释放的二氧化硫等废气严重影响了大气的环境质量。我国许多城市和地区普遍出现酸雨现象,酸雨地区扩大,频率提高,雨水 pH 值降低。酸雨污染也日益成为水稻安全生产的威胁因素。彭彩霞等(2003)的研究表明,在模拟酸雨条件下,水稻幼苗的生长受到抑制,生物量减少,叶绿素和类胡萝卜素含量下降。另外,酸雨也可以降低叶片的抗氧化酶活性,使其细胞内的氧化逆境加剧,活性氧增多,进而造成植物组织的破坏和衰老死亡。如果水稻生产方式不当,水稻生产本身也会成为一个重要的污染源。首先,由于大量化学农用品在使用中利用率不高,结果通过水土流失而导致对周边地区的环境污染,如水体富营养化和重金属污染问题。据有关研究报道,中国每年向周边环境流失纯氮约 2 000 万吨,农药约 430 万吨,不仅每年直接损失 200 亿～250 亿元,而且严重污染环境。另据太湖流域不同污染源对水体总磷、总氮的贡献率的监测结果,畜禽面源污染分别占 35% 与 23%,农业的面源污染分别占 19% 与 29%,工业与城市点源污染分别占 16% 与 17%,农田的面源污染贡献率要高于工业点源污染。其次,稻田也是温室气体甲烷与一氧化二氮的主要释放源,对全球气候变化有着重要贡献。稻田是陆地生态系统中大气甲烷的一个重要来源,据估计,全球水稻甲烷年排放量约6 360吨,占大气甲烷源的10%～30%。根据有关试验证明,稻田的干湿交替和烤田会使一氧化二氮的排放通量分别增加23倍和47倍。灌溉和施肥对稻田一氧化二氮排放影响最为明显。因此,选择适当的水稻栽培管理方式对全球环境安全具有重要意义。

3. 稻田生物多样性减少与病虫害暴发问题

农药、化肥、动植物激素等农化产品的使用,阻碍了许多稻田生物的正常生长发育,使其丧失繁殖能力,甚至死亡,从而导致稻田物种多样性的减少。据估计,每年大量使用的农药仅有少部分可以作用于目标病虫,70%～80%的农药则进入生态系统并难以降解和消除。大量农药长期存在于土壤,同时进入生物组织,并在食物链中不断传递富集,对稻田害虫及其天敌、土壤生物、水生生物均有一定程度的影响。有关研究表明,长期使用高毒和广谱农药后,生物多样性降低和某些生物种类数量的减少,导致生态系统的稳定性下降,生态平衡被打破。在农药施用量较大的地区,鸟、兽、鱼、蚕等非靶生物受到直接伤害,致使其种类和数量急剧下降,而且这些非靶生物包括天敌受害后,恢复生长的时间远比病虫恢复时间要长,害虫失去了自然控制的约束,结果导致施药后病虫的再度暴发。

同时,由于少数水稻品种的大面积单一化种植,导致我国近40 000份以上的水稻地方品种和农家品种在30年内(20世纪50～80年代)在田野中消失。绝大多数育成的高产品种其基本亲本或骨干亲本相同,从而导致明显的遗传背景单一性和脆弱性,难以抵抗突发的生物或非生物压力。目前育成的许多高产品种(组合)大多只具有单一主基因抗性,缺乏抗性基因的多样化,在寄生物发生生理小种或生物型变化时抗性极易丧失,往往导致病虫害暴发而严重减产。

由于整个农田生态系统的食物链的破坏,打乱了系统平衡,系统的稳定性和自身维持能力减弱,农田生态系统变得十分脆弱。同时,农药和化肥的大量使用对土壤生物也造成了重要威胁。土壤微生物和土壤动物群落的减少或消失,将造成生态系统中分解者数量不足,最终影响到生态系统中正常的物质循环和能量转化,同时导致土壤结构劣化和土壤肥力退化。

4. 有害生物入侵问题

随着全球经济一体化发展,物种在世界范围内的流动也随之频繁起来。人类在得到物种流动所带来实惠的同时，许多地区也正面临着"生物入侵"的困扰和威胁。农业部最新统计显示,目前入侵我国的外来生物已达 400 余种,包括 380 种入侵植物(外来杂草 107 种)、40 种入侵动物(外来害虫 32 种)、23 种入侵微生物(外来病原菌 23 种),其中有 50 余种是国际自然保护联盟(IUCN)公布的全球最具威胁的外来生物。这些有害生物对我国的水稻生产和生态安全将构成严重威胁。

5. 稻米质量安全问题

目前,重金属、农药、污水等对稻米品质的影响已经引起人们的广泛关注。对稻米品质影响的污染涉及生产过程中的各个环节,包括土壤污染、大气污染、水体污染、生物污染等。污染物质主要包括重金属(如镉、砷、铅、汞等)、有机磷、有机氯、氰化物、致病细菌以及细菌和霉菌毒素、昆虫等有害生物。我国的稻米重金属和农药污染问题已十分严重。据报道,目前我国受镉、砷、铬、铅等重金属污染的耕地面积近 3 亿亩,其中受镉污染的耕地面积近 20 万亩,涉及 11 个省 25 个地区,导致每年粮食减产 1 000 多万吨,受污染粮食多达 1 200 多万吨,合计经济损失至少达 200 亿元。据农业部稻米及其制品质量监督检验测试中心对全国市场稻米安全性抽检结果(2002 年),稻米中超标最严重的是铅,超标率为 28.4%,其次是镉,超标率为 10.3%,砷和汞超标率相对较低,超标率为 2.8% 和 3.4%,并呈现一定的复合污染。据该中心 2003 年全国抽样检测结果,水稻品种(稻谷)的重金属、农药均超标。长江流域水稻主产省除湖北外,均为中度或重度污染区。因此,重金属和农药污染在我国水稻安全生产中必须予以充分关注。

第四节
我国水稻生产展望

一、水稻新品种的选育方向

我国城市化进程、水资源限制等导致耕地面积减少,加上种植结构调整,我国的水稻实际种植面积已有下降趋势,因此,靠进一步扩大水稻种植面积来提高水稻总产量基本上不可能。那么,要满足巨大人口增长对稻米的需求,解决粮食安全问题,必须实现水稻育种上新的突破,同时提高耕作栽培技术水平。品种是农业发展的根本,是增强农产品竞争力的关键,每一次农业科技革命都离不开农作物品种的创新。新中国成立以来,水稻育种技术研究取得了长足发展,水稻科技不断进步,水稻生产科技贡献份额逐年提升,为稳定提高全国水稻综合生产能力、促进农民增收、农业增效和保障国家粮食安全做出了突出贡献。我国的水稻育种技术经历了三次大的飞跃,第一次是高秆变矮秆育种技术,使水稻平均产量从不足 1 500 千克/公顷达到近 4 500 千克/公顷;第二次则是以"常规变杂交"为标志,通过三系或两系杂交,我国水稻平均产量升至 6 000 千克/公顷。第三次飞跃则是以"超级稻育成"为代表,水稻产量达到 12 000 千克/公顷。此外,近年在分子育种、水稻抗逆育种等技术方面也取得了非常大的发展。

我国的水稻育种技术经历了三次革命性飞跃变化,已经走在世界前列。随着人民生活水平的提高,当前人们对稻米的需求已开始从量的要求向质的要求方向转变,人们对稻米及其制品的需求变得多种多样,对水稻新品种选育来说,除继续坚持优质、高产、多抗的总体育种目标外,其他育种目标更加细化、更加具体。仅从优质来说,就可以分为食用优质、专用优质(饲料用、加工用等)、功能优质等方面;从环境友好来说,要求氮、磷、钾高效利用,以达到实现高产、少施化肥的目标,从而减少大量使用化肥对环境的副作用;从食用安全的角度,要求新育成的品种抗稻瘟病、白叶枯病、纹枯病等主要病害和稻飞虱、螟虫等主要虫害,以减少农药的使用量,降低农药对环境的污染和农产品的农药残留。

　　未来人类将面临人口、资源、环境等问题,针对这些问题而开展的育种可称为适应性育种或持续性育种。提高水稻产量和品质、增强水稻的抗性和省力栽培是国民经济和社会发展对水稻育种的三项重大需求。水稻分子育种与杂交水稻育种相结合的育种方式,已形成一种大的趋势,在成功培育超级稻产量突破的基础上,充分综合应用分子生物学技术、基因组学技术和蛋白质组学技术在分子设计育种方向取得新的突破将是今后我国水稻育种技术的发展方向。

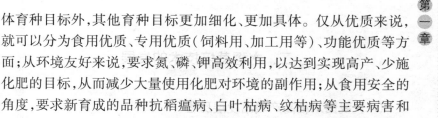

育种技术路线

☞ 要创新种质资源,挖掘有用的基因。

☞ 现代生物技术与常规育种技术紧密结合。

☞ 在追求高产的基础上,不断改善品质,提高品种的抗病虫、抗倒和抗逆水平。

☞ 注重品种的农艺与农机相融合研究,适应机械化生产的需求。

二、水稻栽培技术的发展

(一)我国水稻高产栽培发展历程

在旧中国,作物栽培在农学学科中只是作为稻作学、麦作学等大学课程的一个生产技术部分。新中国成立时,百废待兴,当时摆在面前的首要任务是解决粮食短缺问题。水稻作为我国人民的主食之一,必须要增加种植面积,提高产量。我国水稻栽培科技工作者与广大人民群众紧密结合,经过 50 多年的不懈努力,从生产调查到经验总结,从高产实践到理论探索,从田间试验到示范推广,在为我国增加粮食产量和促进农业生产发展做出重要贡献的同时,逐步建立和形成了一套符合我国国情的水稻高产栽培理论和技术体系。

在新中国成立之初,主要是通过在全国各稻区对群众生产经验的调查总结,发掘出一批以"南陈(陈永康)北崔(崔竹松)"为代表的劳动模范的水稻丰产经验,概括性地提出了"好种壮秧、小株密植、合理施肥、浅水勤灌"等水稻高产的技术措施,并在全国范围内示范推广,这对水稻栽培技术的发展起到了积极的推动作用。到了 20 世纪 50 年代后期至 60 年代,矮脚南特、广陆矮 4 号等水稻矮秆品种的育成,不仅在水稻育种上是一个重大突破,也给水稻高产栽培提出了新的课题。研究表明,通过适当扩大群体、增加穗数和采用壮秧、足肥、早发、早控等技术途径与措施,不仅大大发挥了矮秆品种在生产上的增产潜力,而且突破了高秆品种因单位面积穗数较少、不耐肥、易倒伏所造成的产量限制,促进了水稻高产栽培理论与技术的发展,也第一次总结提出了"良种良法配套"实现水稻高产的农学概念。至 20 世纪 70 年代,矮秆品种在全国各地水稻生产中得到了广泛应用,取得了巨大的经济效益和社会效益。70 年代末期我国在世界上首创杂交水稻,实现了水稻育种的又一个巨大突破,同时也对水稻栽培学提出了新的挑战。围绕杂交水稻,各地纷纷开展了一系列栽培技术试验示范。主要有:通过大幅度减少用种量和播种量,培育壮秧以充分发挥杂交稻的根系优势;通过稳定穴数和减少本数,合理密植以适当利用杂交稻的分蘖优势;通过调整肥料结构、平衡施肥和合理灌溉,科学运筹肥水以积极促成杂交稻的穗粒优势,最后确保杂交水稻的高产稳产。稀播少本栽培在全国范围的推广应用,不仅使杂交水稻得到迅速发展,实现了大面积平衡高产,也同时促进了常规水稻单产的进一步提高。在大力推行杂交稻品种与高产栽培的基础上,于20世纪80年代后期我国又先后开展了全国性的综合配套模式栽培技术研究推广和吨粮田工程的建设。在总结矮秆品种、杂交稻品种的"因种栽培"的基础上,用"图、文、数"并茂的模式图形式来阐述和表达水稻高产栽培的理念、途径与措施,并将其放在治水、改土、养地等良田建设这个系统工程中进行统筹设计,在研究和应用手段上尝试运用计算机技术,开展初步的水稻生育预测和调控,使我国水稻高产栽培技术日臻成熟,并开始逐步向指标化、规范化、模式化的方向发展。

(二)新时期水稻多目标栽培的发展现状

1. 水稻轻简高效栽培

20世纪90年代以后,随着我国改革开放的不断深入和社会主义市场经济体制的初步建立,农村经济迅速发展,农业和农村面貌发生了深刻变化,大量农村劳动力向二三产业转移,劳动力价格不断上涨,农业产业结构和种植结构逐步得到调整,农田集约化、规模化经营也相应得到了发展,广大稻农从以追求水稻高产为主开始转向在取得高产的同时更注重的是如何增加水稻生产的经济效益。在此时代背景下,简化生产作业程序、减轻劳动强度和省工、节本的轻简高效稻作技术的研究与推广,日趋成为水稻科技工作者和农民群众关注的热点。

经过广大水稻农艺学家和基层农业技术人员的共同探索和研究,目前我国已逐步形成和发展了一套以旱育秧、抛秧、直播稻及少免耕栽培为主要内容的、理论与实践相结合的水稻轻简实用栽培技术。

水稻轻简栽培技术的共同特点

☞ 无论是旱育秧、抛秧、直播稻,还是少免耕栽培,是通过减少、简化或改变田间作业环节来减少水稻种植过程中的用工数量和减轻劳动强度。如旱育秧,在旱地或旱田做秧田、播种、盖膜、施肥用药以至拔秧等作业,改善了劳动环境,不仅比水田作业更方便操作,而且劳动强度也明显降低,特别是早稻育秧还可免受水田育秧的早春寒冷之苦。抛秧和直播稻更使传统的水稻人工"弯腰"插秧改变为"直腰"播种和移栽,大大地减轻了农民种稻的劳动强度,也减少了生产用工。

☞ 都具有丰富的科技含量和高产高效特征,这也是它们长期得到推广应用的原因之一。旱育秧就是根据水稻的生理生态特点,运用一定的水分胁迫并结合苗床培肥,通过水肥耦合效应,以水控肥,以肥调水,来达到培育水稻"强根壮秧"的目的。直播稻、抛秧、少免耕栽培等,都是在我国农用化学工业、机械工业不断发展和新型除草剂、新型肥料、新型耕作机、新型播种机得到普遍应用的情况下,研究解决了这些栽培方法的技术瓶颈后开发出来的,因此在生产上能够发挥显著的增产增效作用。

目前,这些水稻轻简栽培技术在我国各稻区都得到了广泛推广,旱育秧、抛秧和直播稻的年应用面积均分别在 100 万公顷以上。

2. 水稻优质无公害栽培

早在 20 世纪 70 年代,国内有关的科研院所和大学曾做过一些水稻优质栽培试验,是在研究稻米产量和品质形成过程中探讨光照、温度、水分、土壤、有害生物以及其他环境因素的影响,实际上还是主要围绕产量开展"良种良法"试验,既没有什么优质品种可供应用,也不可能通过科学合理的配置资源和栽培措施来有目的地改良稻米品质。90 年代以来,由于水稻育种和栽培的目标逐渐由单纯地提高产量转变到产量和品质并重、以提高品质为主,水稻优质栽培才被真正提到稻作生产的议事日程上。在新的时代背景下,各地纷纷开展了赋予新意的"良种良法",其目的是在稳定产量的同时不断地改善和提高品质。归纳起来,90年代主要是水稻保优栽培,在选用优良水稻品种(组合)的基础上,通过合理利用光温条件和科学用种、用水、用肥、用药等栽培措施充分发挥品种所固有的品质特长,生产出优质的稻米;进入21世纪以来,随着我国经济的不断增长和人民生活水平的进一步提高,对稻米品质的要求越来越高,赋予品质以新的内涵,不仅是指碾米、外观、蒸煮食味、营养等传统上的品质指标,还包括无公害食品、绿色食品、有机食品等方面的生态品质、安全品质,尤其是稻米中的重金属、化学农药、植物生长调节剂等化学物质的含量。因此,在继续推行水稻保优栽培的同时,应着重于开展无公害栽培、生态栽培、有机栽培以及标准化优质栽培技术的研究和应用,特别是通过创立优质稻米品牌和建立优质稻米生产基地来发展优质栽培,进一步提升稻米品质。

通过近年来的研究与实践,我国水稻优质栽培已从零散型向规模型发展,已在东北平原、长江流域和东南沿海等重点水稻产区建立了不少初具规模的优质稻米生产基地,形成了一个较为系统的水稻优质栽培技术体系的雏形。

3. 水稻高产超高产栽培

随着我国水稻从高秆到矮秆、从常规稻到杂交稻的品种改良和相应高产栽培技术的发展与应用,我国水稻单产实现了两次重大突破,水稻产量不断提高,并达到了一个较高的产量水平。但到90年代中后期,在我国农业产业结构和种植业结构调整中,由于一些众所周知的主客观原因,使水稻产量出现了近10年的徘徊不前。例如,2000年全国水稻总产为2.007亿吨,2002年下降到1.745亿吨,2003年仅为1.61亿吨。单产也是连续5年下降,由1998年的6 366千克/公顷下降至2003年的6 061千克/公顷。我国的稻谷年需求量为1.9亿~2.0亿吨,已是连续4年产不足需。我国政府根据人口不断增加和可耕地面积逐渐减少的实际国情,针对我国粮食安全问题的严峻形势,早在 1996 年就提出开展"中国超级稻育种及栽培体系研究"的重大课题攻关。

经过近 10 年的科学研究和示范应用,我国超级稻研究取得了显著的成果与进展。各地在育成两优培九、协优 9308、Ⅱ优明 86、Ⅱ优 602、国稻 1 号、中浙优 1 号、Ⅱ优航 1 号、准两优 527、辽优 5218、沈农 265、沈农 606、吉粳 88、D 优 527、Ⅱ优 7954 等超级稻品种的同时,在过去水稻高产栽培的基础上,进一步研究提出了一系列与超级稻品种配套的超高产栽培集成技术,并取得了百亩、千亩连片种植产量 9 000~10 500 千克/公顷、小面积田块产量 12 000 千克/公顷以上的示范效果。各地还把从美国康奈尔大学引进的在马达加斯加获得成功的水稻强化栽培技术体系(SRI)结合到我国超级稻栽培研究与示范中去,并取得了明显的增产效果。如湖南省针对两优培九等两系超级杂交稻的生育特征,研究和集成了一套以"定位播种、软盘育秧、单本乳苗稀植、有机肥与化肥配套、湿润灌溉"等为特点的改良型强化栽培技术。中国水稻研究所围绕协优 9308 等超级稻品种,研究提出以"培育壮秧、中小苗移栽、单本稀植、好气灌溉、精确施肥、综合防治"为主要内容的超级稻超高产集成技术。四川省研究提出适合当地应用的以"小叶龄浅栽、单苗稀植、双三角形栽插、精确施肥、干干湿湿灌溉、综合防治病虫草"为关键措施的水稻"三围立体"强化栽培技术。福建、四川等省在开展超级稻配套栽培中,试验发现目前示范的超级杂交稻组合普遍具有较强的再生能力,提出在南方一季中稻季节有余的适宜地区开发超级稻再生稻技术。福建省利用Ⅱ优明 86、Ⅱ优航 1 号等再生能力强的超级杂交稻组合,在尤溪县等地研究开发出一套以"合理调整生育期、稀播壮秧、垄畦种植、头季平衡施肥、再生季重施芽肥"为主要内容的超级稻 + 再生稻配套技术集成,一种两收,小面积产量达到 15 000 千克/公顷以上。

4. 稻作资源高效利用技术

稻田资源利用研究是水稻栽培的重要内容,如何提高稻田资源利用率和利用效率一直是水稻农艺学家追求的目标。20 世纪 90 年代后,我国耕地不断减少,稻作面积持续下降,稻田生态环境污染加剧,一方面水、肥等自然资源越来越紧缺,而另一方面灌溉水和肥料等资源的浪费严重。因此,节约和高效利用自然资源,在水稻生产中的作用就显得更加重要。近10多年来,自然资源高效利用技术研究与开发应用主要在以下几方面取得了明显成效。

在水资源利用和节水技术方面,重点是在工程节水(即减少水源水输送到稻田过程中的水损耗)的基础上,通过有关耕作、栽培、灌溉、施肥等农艺措施,来节约水稻的生态用水和生理用水。如覆膜种稻技术,是将旱作物地膜覆盖栽培移植到水稻上,与水稻旱种或旱育秧结合起来,显著降低了水稻生产过程中的蒸发耗水量。据研究,覆膜稻可以节省灌溉用水30%～65%。间歇灌溉技术和无水层灌溉技术,均是利用水稻对水陆环境具有双重适应性的特点,在选用抗旱、耐旱水稻品种的基础上,减少灌水次数和灌水量,注重水稻移栽、孕穗抽穗和乳熟等关键需水期的灌水,大大减少了植株蒸腾和稻田蒸发、渗漏等耗水量,同时还有利于提高水稻根系活力和促进水稻根系深扎。

在节省用肥和施肥技术方面,着重是在探明不同地区不同稻田水稻需肥规律和土壤供肥规律的基础上,研究不同水稻类型、品种和不同土壤类别肥料成分配比、施用量、施用时期和施用方法,来减少化肥施用量,提高肥料当季利用率和利用效率,减轻因过量施用化肥而加剧的农业面源污染。

施肥技术的发展趋势

☞ 减少基肥比例和增加追肥份额,以达到节省肥料用量,提高肥料利用效率。

☞ 研究水稻一次性施肥方法,即根据水稻需肥和吸肥规律,研制和选用缓(控)释肥料,采取在水稻播种或插秧前一次性全层施肥,节约用肥量,节省施肥用工,特别是可以减少田间养分流失和控制面源污染。

在水稻副产品利用技术方面，主要是研究和推广稻草还田。20世纪 90 年代后，随着我国稻区农村生活燃料的逐步解决，水稻收获后大量秸秆在田间焚烧一度成为社会关注的严重问题。近年来，在国家通过制定相应政策制约和杜绝秸秆焚烧的同时，各地纷纷根据不同地区的生产和生态条件，开展水稻秸秆还田的农艺技术和配套农机的试验与示范，包括整草还田，稻草腐熟还田，还有应用前景更广阔、更方便的联合收割机碎草还田。稻草还田不仅可以解决稻草田间焚烧造成的严重资源浪费和空气污染，而且正越来越成为我国稻田土壤有机质补充的主要来源，十分有利于减少化肥施用量和培肥地力。

第二章

水稻的生长发育与环境因素

本章导读：本章主要介绍了水稻的基本知识，包括水稻的生长发育阶段、影响水稻生长发育的环境因素以及水稻光温特性等。

第一节
水稻生育期和生育阶段

一、水稻的生育期

作物从播种次日到成熟日的整个生长发育所需时间为作物的生育期,一般以天数(天)为计算单位。直播水稻,生育期的准确计算方法是从种子出苗到水稻成熟的天数。因为从播种到出苗、从成熟到收获都可能持续相当长的时间,这段时间不能计算在生育期之内。对育秧移栽水稻而言,生育期又分为秧田生育期和本田生育期两个阶段。水稻生育期的长短,因品种类型、种植地区而不同,短的不足100天,长的超过180天。

每个水稻品种不论其生育期长短,一生都经历营养生长和生殖生长两个时期。从发育的角度来看,营养生长是水稻营养器官形成和营养体积增大为主要特征的生长时期,从种子萌动到幼穗开始分化为止,表现为发芽、生根、出叶和分蘖形成;生殖生长是水稻繁殖后代而进行生殖器官的形成和发育为主要特征的生长时期,从幼穗分化到种子成熟为止,分为幼穗分化、抽穗、开花和成熟四个阶段。

二、生育时期划分

水稻生产中的生育时期也称物候期。因为在适期播种条件下,水稻某一新器官的出现,植株形态及特征特性会发生相应的变化,这些时期对应着一定的物候现象,故也称水稻的物候期。在水稻整个生长过程中,根据水稻的形态特征变化(根、茎、叶、穗、子粒等器官的出现),主要分为以下几个生育时期:播种期、苗期、分蘖期、拔节期、孕穗期、开花结实期等时期。

(一) 播种期

水稻的适宜播种期应综合考虑安全出苗温度、安全齐穗期、种植方式和季节茬口衔接等因素。日平均气温 10℃ 或 12℃ 的初日是水稻播种的适宜日期。麦茬机插秧水稻育秧,秧龄 20 天,小麦收获期向前推算播期。早粳在气温稳定在 10℃ 以上(塑料薄膜育秧在 8℃ 左右)播种,15℃ 以上栽秧;早籼在 12℃ 以上播种,17℃ 以上栽种。为保证水稻齐穗扬花期基本不遇低温危害,粳稻安全齐穗期要求日平均气温稳定在 20℃ 以上,无连续 3 天以上低于 20℃ 的低温,籼稻(包括杂交稻)要求 22~23℃,无连续 2~3 天低于 22~23℃ 的低温。北方早粳与南方早籼还要避过孕穗期低温冷害(最低气温粳稻不低于 15℃,籼稻不低于 17℃)。要使水稻抽穗灌浆期处于光、温、水分比较适宜,又尽量避开病虫害大发生时期,以获得较高的光合产量及子粒产量。

(二) 出苗期

第一片叶抽出,秧田里 50% 以上秧苗高度达到 2 厘米,这时第一对胚芽鞘节根出现。

(三) 分蘖期

一般秧田在出苗后约 15 天,当主茎长出 3 片叶后,第四片叶刚出现时,在主茎第一片叶的叶腋处长出主茎的第一个分蘖,标志分蘖开始。当田间有 50% 秧苗第一个分蘖露出叶鞘时,即为分蘖期。

(四) 拔节期

水稻开始分蘖时其基部节间并不伸长,只形成分蘖节。但经过一定时间后,其新生的节间开始伸长,称为伸长节。几个伸长节构成茎秆。当茎秆基部第一个伸长节间达 1.5~2 厘米,外形由扁变圆,便叫作"拔节",亦称"圆秆"。全田有 50% 稻株拔节时,称为拔节期。

(五) 孕穗期

穗分化期也是节间伸长期,所以又称拔节长穗期或拔节孕穗期。

但是,拔节起始与孕穗分化起始并不完全一致,早稻一般幼穗分化在拔节之前,称重叠生育型;中稻一般幼穗分化与拔节同时进行,称衔接生育型;晚稻一般幼穗分化在拔节之后,称分离生育型。

(六)开花结实期

本期又可分为抽穗开花、传粉与受精和灌浆结实三个时期。

1. 抽穗开花

穗上部的颖花胚囊成熟后的 1～2 天,穗顶即露出顶叶鞘,即为抽穗。穗顶端的颖花露出顶叶鞘的当天或后 1～2 天即开始开花,全穗开花过程需经过 5～7 天。

2. 传粉与受精

花药开颖同时散粉,花粉散落于自身的柱头上,即传粉。花粉散落在柱头上 2～3 分即受精萌发。

3. 灌浆结实期(乳熟期、蜡熟期、完熟期)

(1)乳熟期 米粒内开始有淀粉积累,呈现白色乳液,直至内容物逐渐浓缩,胚乳结成硬块,米粒大致形成,背部仍为绿色。

(2)蜡熟期 米粒逐渐硬结,与蜡质相似,手压仍可变形,米粒背部绿色逐渐消失,谷壳逐渐转黄。

(3)完熟期 谷壳已成黄色,米粒硬实,不易破碎,并具固有的色泽。

三、生育阶段

(一)生育阶段划分

从水稻器官的生长发育角度,可以分为营养生长阶段、营养生长生殖生长并进阶段、生殖生长阶段。各以穗原始体开始分化和抽穗开花期为界。

不同的生育阶段既有各自特征特点,又有密切的联系。营养生长阶段主要形成供给器官,吸收器官根和光合器官(源器官)叶;生殖生长阶段主要形成收容器官(库)颖花和支持器官(流)茎;结实期主要是光合物质和矿物质通过茎流向收容器官库被贮藏起来。

（二）生育阶段特征

由于水稻不同品种是在不同的生态条件下，经自然选择和人工选择的结果。因此，不同品种之间虽然有相对稳定的种性，但在生长发育和生育期等方面也有明显的差异。吴东兵，曹广才（1995）等在研究玉米生育阶段时，依各阶段天数与生育期天数的比例，衡量其"长"或"短"，把阶段天数/生育天数≥1/3 视为"长"，把阶段天数/生育天数≤1/3 视为"短"，则三段生长在不同品种、地域、播季和播期中有不同的长短变化，对玉米品种进行分类管理，收到了很好的效果。借鉴此方法，研究水稻各个生育阶段，发现不同品种的生殖生长期（从幼穗分化到成熟的时间）差别不大，而营养生长期变化较大。再观察各个阶段及时期的特点，可以发现水稻营养生长期的主要标志是分蘖，生殖生长期的主要标志是穗分化。但水稻的分蘖终止期（拔节始期）与穗分化始期并不总是衔接的，它依品种、播插期及其他栽培条件而变化，这种变化的类型称生育类型，有三种生育型，即重叠型、衔接型、分离型。

1. 重叠型

营养生长和生殖生长有一部分重叠，长穗先于拔节，幼穗开始分化，分蘖还在继续发生，凡地上部仅有 4～5 个伸长节间的早熟品种均属于这一类型。

2. 衔接型

圆秆拔节即开始幼穗分化，营养生长与生殖生长基本衔接，具有 6 个伸长节间的中熟品种属于这一类型。

3. 分离型

营养生长和生殖生长分离，在圆秆拔节之后，经10～15 天时间幼穗才开始分化，具有 7 个或 7 个以上伸长节间的晚熟品种属于这一类型。

在栽培管理上，重叠型的早熟品种幼穗分化早，营养期短，应以促为主，促早生快发。衔接型的中熟品种，也是过渡带内选用最多的品种类型，由于营养生长与生殖生长矛盾小，要求促控结合，在促的基础上适当短控。分离型的晚熟品种,营养生长期偏长,要在适当控的基础上积极促进。

第二节
水稻的生长发育

上述生育时期划分虽然比较科学,但在生产实践中不易严格把握。在实际生产中,人们往往把水稻的生育过程划分四个时段,即把水稻的一生分为幼苗(秧田)期、返青分蘖期、拔节孕穗期和抽穗结实期。现根据这四个时段特点,具体介绍水稻的各生育期间生长发育特征及栽培管理要点。

一、幼苗(秧田)期的生长发育

移栽水稻在秧田生长的时期称幼苗期,直播水稻则指秧苗开始分蘖以前。

(一)种子的萌发

种子萌发一般分为吸胀、萌发及发芽。发育健全的种子吸水膨胀后,在适宜的环境条件下,呼吸作用和酶活动加强,胚乳内的物质转化为可利用的养分并运送到种胚,种胚在得到足够的营养后,细胞迅速分裂和伸长,胚体不断增大,胚根首先顶破谷壳,即为萌发(或称露白、破胸);当胚根继续伸长达到种子长度,胚芽伸长达到种子长度50%时,即为发芽。在种子萌发和发芽过程中,需要适宜的环境条件,才能发芽齐壮。

1. 水分

当种子吸收本身干重25%水分左右的水分时开始萌发,但很缓慢;吸水达到40%时萌发快而齐。

2. 温度

稻种发芽的最低温度,粳稻为10℃,籼稻为12℃,但发芽很慢,时间一长,就会引起烂种、烂芽;发芽最适温度为20~25℃,在适温内发芽整齐而壮;发芽最快温度为30~35℃,这时发芽虽快,但芽较弱;发芽最高温度为40℃,高于这个温度,会抑制芽根生长或烧坏。

3. 氧气

种子萌动后,代谢作用增强,需要有旺盛的呼吸作用来保证能量和物质的供应,对氧气的需求也显著增加。缺氧时胚芽鞘能正常生长,但根、叶不能正常生长。因此"有氧长根,无氧长芽"的经验是有道理的。

(二)秧苗的成长

1. 秧苗生长过程

秧苗的生长过程,根据器官形成的特点,可以分为三个时期。

(1)芽苗期 发芽后不久,在氧气充足和光照条件下,胚芽鞘迅速破口,不完全叶抽出,当长到1厘米左右、秧田呈现一片绿色时,即为出苗,生产上称"现青"。

(2)幼苗期 从现青到第三片叶完全展开以前,为幼苗期。出苗后2~3天,从不完全叶内抽出第一片完全叶为1叶期。相应的在芽鞘节上长出第一盘根,有5条,呈鸡爪状,故称"鸡爪根",有吸收养分和稳定秧脚的作用。所以,1叶期又称"扎根期"。这时秧田不宜上水,以利扎根立苗。

第一片叶完全展开呈"猫耳"状后,再经2~3天长出第二片完全叶,称2叶期。相应在不完全叶茎节上长出第二盘根(约10多条),对吸收养分和促进地上部生长有重要作用。但在幼苗期以前,秧苗生长所需营养主要靠胚乳内的物质转化来供给。

(3)成苗期 第三片叶抽出并展开时,为3叶期。从3叶期到拔秧为成苗期。第三片叶展开时,胚乳内的养分已消耗完,秧苗开始独立生活,故称"离乳期"。这时地上的出叶速度开始减慢,地下开始长出第三盘根,直到插秧,还可长出第四、第五……盘根。此期秧苗的不定根和体内的通气组织逐渐形成,秧田可以保持适当水层。

2. 秧苗期对环境条件的要求

在水稻幼苗期,由于生理、生态上的变化,秧苗对环境条件的要求,包括温度、水分、氧气、光照、营养和 pH 值等,都有了很大的变化。

(1)温度 温度对秧苗生长的关系很大。籼、粳稻种出苗的最低温度,籼稻为 14℃,粳稻为 12℃。但在此温度下,出苗率很低,也难以齐苗,15℃以上可顺利出苗。在日平均气温 20℃左右时,秧苗生长和扎根良好,有利于培育壮秧。幼苗生长最快时的温度是 26~32℃,但苗体软弱;超过 40~42℃,则秧苗生长停滞,甚至死亡。

秧苗耐受低温能力,粳稻高于籼稻。但在不同的生长时期、同一类型不同品种之间也有很大的差异。一般来讲,秧苗在芽苗期的耐寒力较强,以后随叶龄增加,其耐寒能力迅速降低。籼稻短时间耐低温指标:1 叶前可耐 -2~0℃,2~3 叶时耐 0~5℃,3 叶后耐 4~7℃。粳稻短时间耐低温指标:第一叶前可耐 -4~-2℃,2~3 叶时耐 -2~0℃,3 叶后耐 1~3℃。长期处于 15℃以下温度时,秧苗叶片易黄化。

(2)水分 幼苗对水层的深浅反应很敏感。这不仅是秧苗生长需要水分,而且也由于水层的状况能直接影响到秧田通气及温度的高低。据中国农业学院原江苏分院测定,秧田灌水 10 厘米,比不灌水的土温白天低 1.1℃,夜间高 2.8℃。所以,遇到寒潮低温,灌水护苗有保温防冻的作用。

秧苗对水分的需要,随秧苗的生长而增加。在出苗前保持田间最大持水量的 40%~50%,就可满足发芽出苗的需要;在 3 叶以前也不需要水层,田间适宜的含水量为 70% 左右,灌水反而不利于通气,影响扎根;3 叶以后,气温增高,叶面积增大,如土壤水分小于 80%,就会使秧苗生长受阻。

(3)氧气 秧田里必须有充足的氧气,幼苗才能正常生长。因为水稻幼苗生长所需要的养分主要靠胚乳供应,而这些养分只有在有氧呼吸的条件下才能分解、转化,为幼苗器官建成提供充足的营养和能量,使根、叶顺利长出。而在淹水缺氧情况下进行无氧呼吸时,苗体消耗的物质多,释放的能量少,使秧苗发根、出叶受到抑制,生长不壮,甚至产生酒精中毒。到了 3 叶期后,秧苗根部通气组织形成,对土壤缺氧环境逐渐适应,可保持适当水层。中国在 20 世纪 60 年代以前以水育秧为主,易发生烂秧,特别是温度低时更严重。有人认为低温是烂秧的主导因素。大量研究证明,烂秧的主导因素是缺氧,低温是诱导因素。据此理论改进育秧方式为湿润(半旱)育秧、保温湿润育秧或旱育秧,取得了较好效果。

(4)光照 光照是秧苗健壮的重要条件之一。只有光照条件充足的条件下,秧苗才能进行光合作用,利用空气中的二氧化碳和根系吸收的水、养料合成有机养分,供秧苗生长发育。因而掌握秧田稀播,保持秧苗较好的光照条件,是培养壮秧的重要环节之一。

(5)营养 3 叶期为离乳期,以后进入自养生长期。研究证明在离乳期土壤中的养分和光合物质已积极参与幼苗生长,磷、钾在低温下吸收弱,苗体含磷、钾高抗寒能力强,而且其在体内再利用率高,所以磷、钾肥均要早施。

(6)pH 值(酸碱度) 微酸性有利于幼苗生长(与起源有关),工厂化盘土育秧和旱育秧土壤 pH 值应调至 4.5 ~ 5.5,可抑制立枯病,易于培育壮秧。

根据上述幼苗生长对环境条件的要求,可见,随着秧苗由小到大,耐寒力逐渐减弱,需氧由多变少(转变为苗体自己吸收),需水由少到多。从播种到出苗,耐寒力较强,需水不多,需氧是主要矛盾;出苗以后,随着秧苗耐寒力下降,温度逐渐成为主要矛盾;3 叶以后,耐寒力更弱,但气温已高,需水就上升为主要矛盾。掌握这项矛盾转化规律,协调好秧田温度、水分、空气、光照、养分、pH 值等之间的关系,是培育壮秧的关键。

二、返青分蘖期的生长发育

水稻从移栽到幼穗开始分化,称为返青分蘖期。插秧后由于秧苗受伤,上下水分平衡失调,叶片枯萎变黄,待新根长出并恢复生机时这一过程称为"返青"。返青后才开始分蘖。此期的特点是长根、长叶、长分蘖,是决定穗数的关键时期,也是为长茎、长穗奠定基础的时期。

(一)根的生长

水稻移栽后,其恢复生长一般是从长根开始的。当根系长到一定程度后,地上部分才开始长叶和分蘖。随着叶、蘖的不断发展,根系又不断增加和扩大。返青分蘖期是稻根发生的旺盛时期。根据其发生先后及增长速度,大致可分为发根期和增根期。

1. 发根期

在返青过程中,水稻地上部生长较为缓慢,一般不长新叶,只有原有心叶的生长和展开;而栽秧后 1～2 天就可见到 1～2 条短白的新根,以后逐日增多。所以返青期又可称为"发根期"。发根快慢对返青活棵以及叶、蘖的生长都有很大的影响。

2. 增根期

秧苗返青以后,随着上位茎节的形成和分蘖的发生,单株发根节数逐渐增多,发根能力逐渐增强,单株总根数也愈来愈多。一般从分蘖开始到最高分蘖期,单株总根数增加最为显著。所以,分蘖期又称"增根期"。

根的生长与秧苗素质、移栽质量以及环境条件等都有密切关系。一般壮秧和适龄秧的发根数和发根长度均显著大于瘦秧和嫩秧。秧根生长的最适温度为 25～30℃;低于 15℃,根的生长和活力就很弱;超过 37℃,对根的生长开始有不利影响;超过 40℃,根的生长受到抑制。土壤营养条件和土壤通气状况好的,对根的生长发育有利。

（二）叶的生长

叶片是制造养分的主要器官,对水稻的生长发育影响很大,往往是丰产长相的重要标志。了解叶片的生长动态和规律,对科学管理、争取高产很重要。

水稻每一片叶的生长,都经过叶原基突起形成、组织分化、叶片伸长和叶鞘伸长四个时期。每完成这四个时期,即长出一片新叶。上一片叶和下一片叶出生所相距的时间,称"出叶间隔"。水稻分蘖期出叶间隔为 5 ~ 6 天。不同叶位上的叶片长短不同。从植株的第一片完全叶起,随着叶位的上升,叶的长度逐渐增加,到分蘖末期出生的叶片长度最长;自此往上又依次变短。各叶的寿命则随叶位上升而逐渐延长,1 ~ 3 叶一般存活 10 天左右,顶叶(剑叶)可存活 50 天左右。

水稻的出叶速度与功能期,除受自身出叶规律的支配外,与环境条件的关系也很密切,如温度、水肥、光照等。在 32℃ 以下时,出叶速度和叶片功能随温度的升高而加强;氮素供应充足,则植株前期的出叶速度快,叶片长而肥厚,功能期也长;但后期氮素水平过高,则反而有推迟出叶的现象。干旱或光照弱时,新叶的出叶速度减慢,严重时会使下部叶片提前衰老,出现大量黄叶。所以,生产上要合理密植,调节光照条件,通过协调水肥与养分的供应,调控叶片的生长速度和延长叶片的功能期,增强其光合能力。朱德峰等(2006)研究认为:如果根部吸收的氮、五氧化二磷、氧化钾、三氧化硫、镁、氧化钙不能满足生长点的需要,下位叶片的营养就会向生长点转移,被转移叶片的光合能力就会下降。稻叶光补偿点在 600 ~ 1 000 勒克斯,旺长田群体下部叶片的光照强度如在光补偿点之下,制造的养料不足以自身呼吸作用消耗就会枯黄而死。

（三）分蘖的生长

水稻主茎或分蘖茎腋芽发育成侧茎,称为"分蘖"。分蘖的发生和生长有一定的规律,并需要适宜的环境条件。

1. 分蘖发生的规律

水稻茎每节叶腋的腋芽,在条件适宜时都能发生分蘖,但在移栽的情况下,主茎最下部 1~3 节,因返青恢复生长消耗养分过多,而只长根不分蘖;露出地面 3~5 个伸长节上的腋芽呈休眠状,也极少分蘖;只有靠近地表若干密集的分蘖节上才能发生分蘖。凡从主茎上发生的分蘖,称为第一次分蘖;由第一次分蘖上还可长出第二次分蘖以至第三次分蘖。

水稻植株的分蘖,从分蘖节上自下而上依次发生。着生分蘖的节位,称为"蘖位"。不同蘖位上分蘖发生的时间,与主茎各节位叶片出生的时期有密切的同伸关系。即主茎新出叶的叶位,与分蘖发生的节位,总是相差 3 个叶位,即"$n-3$"。此现象称为"叶、蘖同伸规律"。

根据叶、蘖同伸规律,蘖位低的分蘖,发生的时期早,其上的叶片数也多,将来发育成穗的可能性就大。这种分蘖称为"有效分蘖"。蘖位越高,则发生越迟,成穗的可能性越小,称为"无效分蘖"。一般在主茎幼穗开始分化时,分蘖至少要有 3 片叶片和一定数量的根系,能独立生活,才有可能成穗。因此,必须在有效分蘖期内,促使低位蘖早生快发,才能达到增蘖、增穗的目的。

2. 影响分蘖的因素

水稻分蘖的发生,不仅受叶、蘖同伸规律的支配,还受到各种内在与外在条件的影响。

(1)品种 品种的生育期、主茎叶片数是决定分蘖力强弱的重要因素。生育期或叶片接近,分蘖力则受品种对限制分蘖的环境因素抗性大小的制约。大穗或高秆 < 中、小穗或矮秆,杂交稻 > 常规稻,同一品种早播、插 > 晚播、插。

(2)温度 最低气温 15~16℃,水温 16~17℃;最适气温 30~32℃,水温 32~34℃;最高气温 38~40℃,水温 40~42℃。

(3)光照 壮秧稀插,改善光照与营养条件有利分蘖发生。

(4)水分 在缺水受旱时,不仅母茎、母蘖生理机能减退,削弱了对分蘖供应养分的能力,而且初生的分蘖组织幼弱,常会干枯致死。

(5)营养 当叶片含氮≥3.5%、磷≥0.2%、钾≥1.5%时分蘖旺盛。含氮 2.5% 分蘖停止,1.5% 以下小蘖死亡。

（6）栽培措施　浅插、浅水灌溉有利分蘖发生，深水或落干则抑止分蘖发生，苗期施用生长延缓制（如多效唑）可使株矮、蘖多蘖壮。

三、拔节孕穗期的生长发育

水稻在完成一定的营养生长后，茎的生长锥开始幼穗分化，植株表现为圆秆拔节。从幼穗分化到抽穗前，为水稻的长穗期，也称拔节孕穗期。本期的生长特点是营养生长和生殖生长并进，是穗粒数的定型期，也是为灌浆结实奠定基础的时期。

（一）稻茎的生长

水稻分蘖末期，由于节间积累了相当数量的生理活性物质，使细胞呼吸作用增强，并增强了透水性，节间下部分生组织的细胞迅速伸长。因此，地上部的几个节间伸长，构成茎秆。当茎秆基部第一个节间伸长达 1.5～2 厘米，外形由扁变圆，便叫作"拔节"，亦称"圆秆"。全田有 50% 稻株拔节时，称为拔节期。茎秆拔节以后的生长，可分为伸长、长粗、充实和物质输出四个时期。

1. 组织分化期

这时茎顶端生长锥向下分化出各种组织，尔后形成茎秆的输导组织、机械组织和薄壁组织，是为茎秆打基础的时期。该期是在水稻分蘖后期完成的。

2. 伸长长粗期

此期是决定节间长度的关键时期。茎秆一方面由节间基部居间分生组织旺盛分裂，进行纵向伸长；另一方面由皮层分生组织和小维管束附属分生组织分裂，进行横向长粗。一般基部节间生长期为 7 天左右，但因温度和品种不同而异。本期内适当控制水、肥对形成壮秆有重要作用。

3. 组织充实期

在伸长长粗期以后约 7 天，节间内的机械组织厚壁细胞被纤维

51

素、木质素等物质所充实,其表皮细胞开始沉淀硅酸等矿物质,薄壁细胞中积累大量淀粉,节间的干物质相应增加,从外形看,节间变粗、变硬。本期是决定茎秆抗折能力的关键时期,也对子粒灌浆有重大影响。组织充实物质的主要来源是叶片的光合作用,与抗倒关系最大的基部节间的充实,主要依靠茎秆下部叶片的光合作用。所以下部叶片早黄,对壮秆抗倒不利。

4. 物质输出期

抽穗以后,茎秆内的贮藏物质开始向子粒内输送,茎秆内干物质逐渐减轻。茎秆内有机物输送是否顺利,对水稻结实率和千粒重影响很大。故要求后期茎秆"青秀老健"。

水稻主茎伸长节:一株上各节的节间伸长,是自下而上顺序进行的。大致情况是:当下一节节间伸长完毕,上一节节间正处于伸长盛期至末期之间,再上一个节间则正开始伸长。节间伸长和出叶的关系是:当 n 叶的叶片伸长时,"$n-2$"叶位的节间正在分化,"$n-3$"叶的节间正在急速伸长,"$n-4$"叶的节间伸长完毕,节内的组织开始充实。生产上根据这些关系,掌握在基部几个节间伸长时加强管理,促使其粗短健壮,以增强抗倒伏能力。水稻主茎伸长节一般早熟种 3~4 个,中熟种 5~6 个,晚熟种 6~7 个。

(二)叶的转换和根的发展

水稻进入拔节孕穗期,在营养生长和生殖生长同时并进的情况下,出叶、发根也相应地发生变化。

1. 叶的转换和叶层分工

随着水稻生长发育的进展,叶片的生长也发生相应的变化,明显地出现"叶层分工"。这时上层叶片制造的养料主要向当时的生长中心幼穗输送,下层叶片制造的养料则主要供应基部节间和根系的生长。因此,如果群体叶面积过大,封行过早,使下层叶片过早衰老枯黄,便会影响基部节间粗壮和根系的发育。而根系活力的早衰,不仅影响当时的幼穗发育,亦是后期植株早衰、结实不好的一个主导因素。反之,封行过晚,叶面积不足,养分的制造和积累少,亦会影响壮秆大穗。一般以掌握剑叶露尖时封行比较合适,这时茎秆基部节间已基本定型,而幼穗分化则正是需要有较大的叶面积提供大量养料的时候。

2. 根的发展

本期根系发展的主要特点是发根的茎节减少,不定根的分支根大量发生,并向下深扎。因此,根形由分蘖期的扁圆形,发展为倒卵圆形。到抽穗期,根的总量达到一生的最高峰,以适应地上生长的需要。本期发根的另一个特点是靠近伸长节较上的节位长出粗壮的不定根,并呈90°的仰角向上生长,故称"浮根"。浮根发生在土表2~3厘米的氧化层中,生理活动及吸氧力很强。因此,长穗期一般不下田作业,以免伤根。

3. 影响稻根活力的因素

影响稻根活力的因素有土壤的通透性、土壤营养、土壤温度、土壤水分和绿叶面积。

(1)土壤的通透性 稻根有泌氧能力,这就保证了水稻能在水层下栽培且不被有毒物质毒害。一般新生根的泌氧能力强,能形成较为宽大的根际氧化区。这种根呈白色,具有强大的吸肥、吸水能力。当土壤通透性差或稻根衰老,泌氧能力减弱时,根成黄褐色→黑色→浅灰色而腐烂。俗话说:"白根有劲、黄根保命、黑根生病、灰根要命。"所以必须不断改善土壤的通透性,帮助稻根提高活力,健壮生长。尤其到生育后期,由于拔节后,伸长部分通气组织的相互连贯不畅通,使得保持土壤的通透性显得更为重要。

(2)土壤营养 水稻根是茎节上的根原基发育而成的。其发育与苗体内的含氮量有关,只有含氮量大于1%,根原基才能迅速发育成为新根。土壤中氮素营养丰实,苗体内含氮水平高,则根数多且根短,反之亦然。

(3)土壤温度 杨秀峰(2006)研究表明,稻根生长活动最适宜的温度为28~30℃。>35℃生长受阻,加速衰老,<15℃生长活动减弱,<10℃则生长停顿。由于本期处在过渡带内的夏季,气温比较适宜水稻根系的生长。如无特殊情况,水稻的根系一般发育比较良好。

（4）土壤水分　土壤含水量低时发根力强、支根多、根毛多、根向地下伸展分布广。所以落干晒田可以促进稻根发育。

（5）绿叶面积　根的生长靠叶片供应养分。因为出叶和发根相差3个节位，第四叶伸出时，正是第一叶节发根的时候，其所需养料，便是由第四叶所供应，所以，在穗分化期无论主茎或分蘖，都必须保持4片绿叶和较好的通风透光条件，才能促进根系发育并保持和提高其活力。

（三）幼穗的分化

水稻拔节孕穗期的一个重要特点，就是幼穗开始分化并逐步发育成稻穗，这是水稻一生中一个极为重要的时期。每穗粒数的多少，在此期内基本定型。

1. 幼穗分化的过程

稻穗分化是一个连续的过程。根据穗部形态将穗分化过程分为若干个时期，使各时期和形态联系起来，以便加强田间管理，非常有必要。不同学者对稻穗分化的时期划分各有差异。松岛省三（1966）将穗部分化过程分为7期，丁颖（1959）把这一过程分为8期，凌启鸿（1994）将这一过程分为5期。其中以丁颖的8期划分影响较大，现简介如下。

（1）第一苞分化期　稻株完成光照阶段后，茎顶生长点停止叶原基分化，转为稻穗的分化。稻顶生长锥膨大并出现横纹时，为第一苞分化期的终止。此期外观上倒4叶露出一半。

（2）第一次枝梗原基分化期　从生长锥膨大并出现横纹开始，到生长锥基部分化出第一枝梗原基，并长出白色苞毛为止。此期经历2~3天，外观上倒3叶约露出0.2叶。

（3）第二次枝梗原基及小穗分化期　在第一次枝梗原基基部苞叶叶腋内，开始出现第二次枝梗原基，同时，着生在第一次枝梗上的颖花原基分化完成。此期经历5~6天，幼穗长度已达0.5~1毫米，外观上倒3叶约露出一半。

（4）雌雄蕊形成期　第一次枝梗上原基的颖花已出现雌雄蕊原基，但花药内尚无花粉母细胞，同时，穗轴、枝梗和小穗轴已明显伸长。这时第二次枝梗上的颖花原基已陆续分化完毕。此期经历5天左右,幼穗长度0.5~1厘米,外观上倒3叶全出,倒2叶刚露头。

前四期是根据器官外部形态建成划分的,共需经历15~17天;以后四期则根据花药的发育程度来划分。

(5)花粉母细胞形成期 在雌雄蕊原基出现后,柱头突出,雄蕊已明显地分化成四室的花药,镜检可见花粉母细胞。此期经历3天左右,小穗长1~3毫米,幼穗长度1.5~5厘米,外观上倒3叶全出,倒2叶刚露出一半。

(6)花粉母细胞减数分裂期 花粉母细胞形成后,即进行减数分裂,形成四个分体。此期经历5~7天,小穗长3~5毫米,幼穗长5~10厘米,外观上剑叶露出一半。

(7)花粉内容物充实期 四分体分散后,即变成小球形的花粉粒。在花粉壳体积继续增大的同时,花粉内容物逐渐充实。此期约经历7天,小穗已达全长的85%,幼穗接近全长,外观上剑叶全出。

(8)花粉完成期 在一穗顶端颖花抽出顶叶鞘前1~2天,花粉内容物开始充满于花粉壳内。此期小穗和幼穗长度长足,幼穗分化完成。

幼穗分化全过程所经历的时间,因品种、播期、温度和营养状况而不同,其变动范围一般为25~35天。

2. 幼穗分化与环境的关系

水稻幼穗分化期,生理变化复杂,对环境条件的反应非常敏感。

(1)温度 幼穗发育的适宜温度为25~30℃,在此温度范围内,温度越高,发育越快。若平均气温高于40℃或低于20℃,均不利于幼穗发育。尤其在减数分裂期前后对温度反应最为敏感,如遇17℃以下低温,会引起颖花大量退化。

(2)光照 光照强度是影响幼穗发育的一个重要因素。光强不足会推迟性细胞的形成。穗分化过程中如光强减弱到只有晴天光照的12%~16%时,每穗颖花数即减少30%。因此,群体过大、株间隐蔽或长期阴雨、日照不足,都不利于幼穗形成。

（3）水分　水稻在长穗期内对干旱耐受能力弱,要求有充足水分的供应。此期内应经常保持一定的水层。

（4）养分　此期内养分供应不足会造成穗小粒少,不实粒增多,其中氮素的影响最为明显。因此,在幼穗分化初期施用适量氮素作促花肥,可使每穗枝梗数和颖花数显著增加。但若氮素过多,会使抽穗延迟,贪青晚熟,空秕率增加。增施磷、钾肥对增加每穗颖花数和降低不实率,有明显的效果。

四、抽穗结实期的生长发育

从抽穗到成熟,为水稻的抽穗结实期。此期早稻 20～25 天,中稻 30～35 天,晚稻 40～45 天。本期生长特点是开花受精和灌浆结实,也是最后决定粒数、粒重,最终形成产量的重要时期。

（一）抽穗开花

幼穗自剑叶的叶鞘中伸出,叫抽穗。大田中开始有稻穗出现时,叫见穗期,全田有 10% 的稻株穗抽出叶鞘一半时为始穗期;有 50% 时为抽穗期;有 80% 时为齐穗期,始穗到齐穗需 3～5 天。

开花顺序:幼穗当天或稍后即开花。开花的顺序和小穗发育的顺序相同,即主茎首先开花,然后各个分蘖依次开花。一个穗上,自上部枝梗依次向下开放,在一个枝梗上,顶端第一个颖花先开,然后由基部向上顺序开花,而以顶端第二个颖花开花最迟。先开的花叫强势花,后开的花叫弱势花。如营养条件不足时,穗下部的弱势花容易灌浆不足造成秕粒。每个颖花开花经过开颖、抽丝、散粉、闭颖过程,全过程需 1～2 小时。每穗开花约经历 5～7 天。

（二）成熟过程

包括胚与胚乳的发育,米粒外部形态的建成,物质的转运与积累（灌浆）,经历乳熟期、蜡熟期、黄熟期、完熟期和枯熟期,最终完成水稻的一生。一个穗上各粒的成熟过程与开花顺序一致,早开的灌浆快、成熟早、粒重大。一个穗子的谷粒包括饱满粒以及空壳和秕

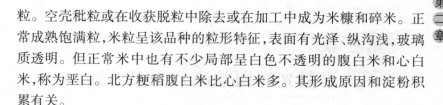

粒。空壳秕粒或在收获脱粒中除去或在加工中成为米糠和碎米。正常成熟饱满粒,米粒呈该品种的粒形特征,表面有光泽、纵沟浅,玻璃质透明。但正常米中也有不少局部呈白色不透明的腹白米和心白米,称为垩白。北方粳稻腹白米比心白米多。其形成原因和淀粉积累有关。

灌浆至成熟期,米粒增重很快。稻谷灌浆物质的来源,只有15% ~ 18%来自出穗前叶鞘、茎秆中贮藏的物质,其余大部分则为抽穗后光合作物的产物。因此,改善后期的栽培环境,保持植株青秀老健,提高后期的光合效率,防止根、叶早衰,对水稻产量的增加作用很大。

(三)影响因素

1. 温度

杨秀峰(2006)研究表明,开花的最适温度为 30 ~ 35℃,最低15℃,最高50℃。灌浆的最适温度为 21 ~ 22℃,昼夜温差大有利灌浆,差值 7 ~ 8℃合适。<20℃灌浆速度慢且持续时间长,<17℃出现延迟性冷害。一般把 23℃、22℃、20℃分别作为杂交籼稻、常规籼稻和粳稻安全齐穗期的低温指标。

2. 湿度和水分

空气相对湿度 70% ~ 80%有利开花,低于 60%空壳率大量增加,花期多雨影响落在柱头上花粉粒的数量与花粉萌发能力,增加空壳率。但水稻雨天可进行闭花授粉,短期降雨影响较小。灌浆期应避免土壤缺水,尤其是大穗品种其弱势粒比例较大,灌浆起步慢,为争取此部分粒重,应晚排水。

3. 光照

光照充足,光合产物多,结实率与千粒重均高,温度与光照有互补作用。

第三节
水稻光周期效应及光温特性

从遗传性上看,水稻原产热带,在系统发育上形成了要求短日照和高温的遗传特性;从环境条件看,不同地区的水稻,长期栽培于某地,而产生了对当地条件(光、温)的适应性和较强的同化能力,在长期自然选择和人工选择作用下,这些特性有参与遗传性被固定下来。因此,水稻品种生育期的长短,是由品种的遗传性和栽培地区的日照、温度等环境条件以及耕作制度、栽培技术等因素相互影响、综合作用所表现的结果。但是更本质的差异在于品种的感光性、感温性和基本营养生长性,也称水稻的"三性"或"温光效应"。

一、水稻的"三性"

水稻的全生育期,包括营养生长和生殖生长。不同品种的生殖生长期即从幼穗分化到成熟的日数差别是不大的。品种间生育期长短的不同,主要是由于营养生长期的差异。营养生长期又可分为基本营养生长期和可变营养生长期。不同品种可变营养生长期因品种感光性和感温性的不同而呈现出明显的差异。感光性、感温性、基本营养生长性合称为水稻"三性"。不同品种"三性"的强弱不一样,"三性"的强弱决定了品种生育期的长短。

(一)水稻品种的感光性

水稻是短日照作物,缩短日照可以提早幼穗分化,缩短营养生长期;长日照则能延迟幼穗分化,延长营养生长期。这种特性,称为水稻的感光性。

总的趋势是:晚稻的感光性均强,中稻的感光性则有中有弱,早稻的感光性均弱。以籼、粳稻来说,早、中粳稻的感光性强于早、中籼稻,但晚籼稻的感光性则强于晚粳稻。

(二)水稻品种的感温性

水稻是喜温作物,一定的高温可以提早幼穗分化,缩短营养生长期;低温则可延迟幼穗分化,延长营养生长期。这种特性,称为水稻的感温性。

通常粳稻感温比籼稻强,北方早粳稻品种比南方的早籼稻品种的感温性强一些。

(三)水稻的基本营养生长性

在最适于水稻发育的短日照、高温条件下,水稻品种也要经过一个必不可少的最低限度的营养生长期,才能进入生殖生长,开始幼穗分化,这个不再受短日、高温影响而缩短的营养生长期,称为基本营养生长期。实际营养生长期中可受光周期和温度影响而变化的部分生育期,则称为可变营养生长期。

总之,水稻是喜高温的作物,短日照、高温能促其早熟,长日照、低温会延迟它的成熟。水稻生长发育受光照、温度等综合生态因子共同作用,相互影响。其中以光照长度和温度相互作用,即光温生态效应互作对水稻发育的影响尤为明显(严斧等,2009)。如粳稻品种郑稻18,在过渡带内豫南地区4月下旬播种,10月上旬成熟,全生育期可达158天,如在6月中上旬作为麦茬稻播种,亦在10月中旬成熟,全生育期130天左右。杂交籼稻品种Ⅱ优838在过渡带内豫南地区作为春稻,4月20日前后栽插,9月下旬成熟,全生育期155天左右;当用作麦茬直播稻时,6月上旬播种,10月中旬即成熟,全生育期只有130多天。可见,水稻品种的营养生长期变化较大,短日照、高温可促进郑稻18、Ⅱ优838提早成熟。

二、水稻"三性"在生产上的应用

（一）在栽培方面的应用

感光性强的早熟品种，迟播时温度高，生育期会大大缩短，营养生长量不足，容易出现早穗和小穗。为了夺取高产，应适当早播、早插、早施肥、早管理，促使早生快长，延长营养生长期，增加穗粒数，从而提高产量。基本营养生长性强的中籼品种，早播早熟，晚播晚熟，生育期比较固定，在保证安全齐穗的前提下，早播晚播均能满足正常生长发育，在茬口安排上适应性较大。感光性强的晚熟品种，在热量达到满足的条件下，出穗期比较稳定，过早播种不早熟，所以对这类品种栽培上要注意培育长秧龄壮秧，以及安全齐穗、正常灌浆、及时腾茬等问题。

（二）在育种上的应用

中国水稻育种工作者，为了缩短育种年限，加快种子繁殖速度，利用海南岛秋、冬季节的短日高温条件进行"南繁"，可以缩短水稻新品种选育时间。

（三）在引种上的应用

从不同生态地区引种，必须考虑水稻品种的光温反应特性。由于不同纬度南北之间的光温生态条件差异明显，相互引种应掌握其生育期及产量变化的规律。北种南引，因原产地在水稻生长季节的日照长，气温低，引种到日照较短，气温较高的南方地区种植，其生育期缩短，营养生长不足致使减产。相反，南种北引，一般生育期会延长，产量也会相应增加。由于过渡带内日照长短、光温资源等自然条件比较接近，相互引种变化不大，成功率较高。

研究中国水稻品种出穗期日数变化与纬度、海拔、经度的关系表明：由南向北，纬度每增加 1°，年平均温度降低 0.8℃，水稻生长季平均温度降低 0.3℃，夏至日长平均增加（不等差逆增）5.4 分，水稻品种出穗日数延迟 2~2.5 天；由西至东，经度每东移 5°，水稻生长季平均温度和日长变化极小,出穗日数相差不多。因此南稻北引,平原移向高原,生育期延长,出穗迟缓,宜引较早熟品种;北稻南移,高原移向平原,生育期缩短,宜引较迟熟品种;东西相互引种,生育期变化小,易成功。此外,在低纬度地区(北纬 26°以南)籼粳早、中晚稻可在本地互相引种;中纬度南部地区(北纬 26°~32°),可引种早、中稻和早熟晚籼、粳稻,中纬度北部地区(北纬 32°~40°)可引种早粳和中粳稻;高纬度地区(北纬 40°~53°)只能引种早粳稻。

第三章

水稻高产栽培理论与实践

本章导读：栽培技术是实现优良品种高产的保障措施。本章主要介绍了水稻高产栽培理论的研究、水稻水肥需求规律、水稻多目标栽培的主要技术及水稻机械化生产技术。

水稻高产栽培理论研究

　　水稻在我国已有 5 000 多年的栽培历史,多熟种植与精细耕作的栽培经验享誉世界。1949 年中华人民共和国成立后,水稻栽培作为研究水稻生长发育规律及其与外界环境条件关系,探讨水稻高产、优质、高效生产理论和措施的应用科学,被列入国家农业科研、教育及推广的重要内容。我国广大的水稻农艺学家和农业技术推广工作者在农民长期稻作实践与经验的基础上,通过改革稻田种植制度和发展多熟制生产,通过总结"南陈(陈永康)北崔(崔竹松)"的水稻丰产栽培经验,通过围绕矮秆水稻的合理密植栽培和围绕杂交水稻的稀播少本栽培,并逐渐融入植物形态解剖、生理生态、土壤肥料与植物营养以及生物化学等现代生物科学理论和技术,应用生物统计和计算机模拟等研究方法和手段,在为实现我国水稻产量大幅度提高和解决人民温饱问题做出历史性贡献的同时,建立和发展起来了一门具有自身科学理论和技术体系的创新与配套相结合的水稻栽培科学。

一、水稻生长发育方面

　　主要研究了水稻各部器官的建成、器官与器官间的相互关系,水稻产量形成规律以及水稻高产群体各生育时期的形态、生理性状特征和指标。如凌启鸿等(1993)在水稻叶龄模式的基础上,围绕水稻群体的穗数与粒数粒重、叶面积与光合生产、源与库的关系,研究提出了水稻群体质量的栽培理论,认为水稻优质群体最本质的指标是培育开花至成熟(即经济器官充实期)的高光效群体,并提出了培育水稻高光效群体要提高抽穗期群体的 6 个方面的形态、生理质量指标:

1. 适宜的群体叶面积指数(LAI)和与伸长节间数相等的绿叶数

这既是高光效群体的基本条件,又是解决库、源矛盾和协调各部器官矛盾的关键因素。

2. 增加总颖花量(库)

这是在适宜的群体 LAI 下提高叶片光合生产力(源)的一个必要途径。

3. 提高群体粒叶比

这是在有限的适宜 LAI 条件下实现总颖花量进一步提高的唯一途径,也是提高群体库、源协调水平的综合质量指标。

4. 提高有效叶面积率(指着生于有效茎上叶片的叶面积比率)和高效叶面积率(指有效茎上上部 3 片叶的叶面积比率)

这是提高叶系质量进而提高群体粒叶比的最直观指标。

5. 提高单茎茎鞘重

这是高产水稻群体支架系的主要指标,是壮秆大穗的基础。

6. 提高颖花根活量(指根系活力的氧化萘胺量分配到每朵颖花的数量)

这是衡量水稻群体后期生活力的主要指标。

二、水稻与环境因素关系方面

主要研究了水稻各生长时期温度、光照、水分、养分、氧气等环境条件对水稻生育、产量及品质形成的影响,水稻群体与个体之间的相互促进和制约的关系,水稻生长发育的器官诊断、营养诊断以及诊断原理与方法。如蒋彭炎等(1994)通过研究,初步明确了高产水稻的几个生物学规律:

☞ 由数量较少的大个体组成的群体,其经济系数大于由数量较多的小个体组成的群体。

☞ 产量物质中抽穗后新同化的光合产物所占的比例越大,产量越高。

☞ 穗数相同的群体中,分蘖穗比例较大的,其穗型较整齐,子粒产量较高。

☞ 抽穗后植株能继续较多地从土壤中吸收氮素,有利于较长时间地保持较高的叶片光合功能,增加子粒产量。

☞ 成穗率较高的群体,穗型较大。

三、水稻生长发育调控和环境调控方面

主要是研究了各种栽培措施和调节技术对水稻的作用原理以及在不同群体生态条件下的调控效应。如在水稻生长发育的营养调控上,逐渐改变了过去重基蘖肥、轻穗粒肥的氮肥运筹,明确了基蘖肥与穗肥并重和更加注重粒肥的氮肥运筹更加符合高产超高产水稻生长发育对营养的要求;在水分调控上,通过研究水稻旱育秧栽培,逐渐摒弃了传统栽培淹水灌溉的水分管理观念,转而建立和采用无水层灌溉和水肥耦合的现代栽培水分管理理念,以达到在高产超高产栽培中以水调气、以水调肥、以水强根的目的。

第二节

水稻水肥需求规律研究与应用

一、水稻的需水规律

（一）水稻对水的要求

水稻起源于沼泽地带,在系统发育上形成了适于水田生长的特性。水不仅是水稻生理代谢上所必需,也是农田生态的调节和改善、促进或控制水稻生长发育所必需。水稻对水的要求大体可分为三个部分:即耕作需水、生态需水和生理需水。

1. 耕作需水要求

种稻一般有整地泡田、栽插等工序,为完成这些作业所要求的水叫作耕作需水。这部分需水与土壤和农业技术措施有关,与水稻生长本身耗水无直接关系。

2. 生态需水要求

利用水作生态媒介,构成栽培所必需的体外环境要求灌溉的水叫作生态需水。它有调节和改善稻田环境,影响稻株生长的作用。如以水调温、以水调气、以水调肥、以水淹稗和以水压碱等。水稻所消耗的这部分水严格讲相当一部分也与水稻本身无直接关系。

3. 生理需水要求

直接用于水稻正常生命活动及保持体内水分平衡要求灌溉的水,叫作生理需水。如植株组成、分解和吸收营养物质、制造有机质、输送营养溶剂、新陈代谢等都离不开水。过度干旱,生理需水不足时,植株萎蔫,光合作用强度降低,分解代谢增强,合成代谢受到抑制,甚至植株死亡。根据河南省多年实测生理需水只占水稻总用水量的 30% ~40%,而生态需水和耕作需水却占 60% ~70%。人们常常以建立水层来满足水稻对水的要求,其实大部分水是以深层渗漏和棵间蒸发损失掉。因此,耕作和生态需水具有较大的节水潜力,而生理节水潜力较小些。

(二)稻田水分状况对水稻生长发育的影响

土壤含水量与水稻生长发育。据测定,当土壤水分下降到 80% 以下时,因水分不足阻碍水稻对矿质元素的吸收和运转,使叶绿素含量减少,气孔关闭,妨碍叶片对二氧化碳的吸收,光合作用大大减弱,呼吸作用增强,可见保持土壤充足的水分,有利于水稻正常生理活动,利于分蘖、长穗、开花、结实,获得高产。在水稻生育过程中,任何一个生育时期受旱都不利,但一般以返青、花粉母细胞减数分裂、开花与灌浆四个时期受旱对产量影响最大。

1. 返青期受害对产量的影响

返青期缺水,秧苗不易成活返青,即使成活对分蘖及以后各生育时期器官建成都有影响。

2. 幼穗发育期受害对产量的影响

幼穗发育期,叶面积大,光合作用强,代谢作用旺盛,蒸腾量也大,是水稻一生中需水最多的时期,初期受旱抑制枝梗、颖花原基分化,每穗粒数少,中期受旱使内外颖、雌雄蕊发育不良。

3. 花粉母细胞减数分裂期受害对产量的影响

减数分裂期受旱颖花大量退化,粒数减少,结实率下降。

4. 抽穗开花期受旱对产量的影响

抽穗开花期,水稻对水分的敏感程度仅次于孕穗期,缺水造成"卡脖旱",抽穗开花困难,包颈白穗多,结实率不高,严重影响产量。

5. 灌浆期受旱对产量的影响

灌浆期受旱,影响对营养物质的吸收和有机物的形成、运转,从而使千粒重、结实率降低,青米、死米、腹白大的米粒增多,影响产量和品质。

水稻虽耐涝力强,短期淹水对产量影响不大,但若长期淹水没顶则会影响生育及产量。生育时期不同对淹水的反应不同。据试验仍以返青和花粉母细胞减数分裂及开花、灌浆期对淹水最敏感。据观察,返青期当日平均温度为 25～30℃时,淹水 3～4 天死苗率高达85%,双季稻孕穗期淹水 7 天,幼穗腐烂完全无收,开花期淹 7 天,结实率只有 5%,乳熟期淹 7 天,结实率尚有 60%,蜡熟期淹 7 天可收70%～80%的产量。深灌会使土壤中氧气减少,泥温昼夜温差减小,稻株基部光照减弱,对根的生长及分蘖发生均不利,且茎秆软弱易倒伏。

(三)水稻合理灌溉技术

根据水稻的需水规律,在不同的生长发育阶段进行科学合理的灌溉,是一项夺取水稻高产、稳产的重要技术措施,其灌溉技术要领是:

1. 活棵分蘖阶段

中大苗移栽的,移入大田后需要水层护理。浅水勤灌。小苗移栽的,移栽后的水分管理应以通氧促根为主。在南方稻区,机插稻一般不宜建立水层,宜采用湿润灌溉方式,待长出一个叶龄发根活棵后,断水露田,进一步促进发根,待长出第二片叶时,才采用浅水层结合断水露田的方式。穴盘育苗抛秧的发根力强,移栽后阴天可不上水,晴天上薄水。2～3 日后断水落干促进扎根,活棵后浅水勤灌。

2. 控制无效分蘖的搁田技术

(1)精确确定搁田时间　控制无效分蘖的发生,必须在它发生前2 个叶龄提早搁田。例如欲控制 $N-n+1$ 叶位无效分蘖的发生,必须提前在 $N-n-1$ 叶龄期,当群体苗数达到预期穗数的 80% 左右时断水搁田。土壤产生水分亏缺的搁田效应在 $N-n$ 叶龄期,但对够苗没有影响,被控制的是 $N-n+1$ 叶位对水分最敏感的分蘖芽,此时最易受到抑制,在 $N-n+1$ 叶龄时不能发生。搁田效应持续两个叶龄,同时也使 $N-n+2$ 叶龄无效分蘖也被抑制。

(2)搁田的标准　土壤的形态以板实、有裂缝行走不陷脚为度;稻株形态以叶色落黄为主要指标,在基蘖肥用量合理时,往往搁田一二次即可达到目的。

在多雨地区,搁田常需排水,但在少雨地区,可通过计划灌水来实施,灌一次水,待进入 $N-n-1$ 叶龄时,田间恰好断水。

3. 长穗期浅湿交替的灌水技术

水稻长穗期(枝梗分化期到抽穗)既是地上部生长最旺盛、生理需水最旺盛的时期,又是水稻一生中根系生长发展的高峰期。既要有足够的灌水量满足稻株生长的需要,又要满足土壤通气对根系生长的需要。浅湿交替的灌溉技术,一方面满足了水稻生理需水的要求,同时促进了根系的生长和代谢活力,增加了根系中细胞分裂素的合成,从而促进了大穗的形成。

浅湿交替灌溉方法

长穗期田间经常处于无水层状态,灌 2～3 厘米水,待水落干后数日(3～5 日),再灌 2～3 厘米,如此周而复始,形成浅水层与湿润交替的灌溉方式。这种灌溉方式能使土壤板实而不软浮,有利于防止倒伏。

4. 结实期的灌水技术

采用浅湿交替的灌溉方式,能显著提高根系的活力和稻株的光合功能,提高结实率和粒重(和长期灌水的比较)。

二、水稻的需肥规律

(一)水稻生长所需要的营养元素

水稻正常生长发育需要 16 种营养元素,即碳、氢、氧、氮、磷、钾、硅、钙、镁、硫、铁、锰、铜、锌、硼、氯。前 7 种属大量元素,后 3 种属中量元素,最后 6 种属微量元素。其中碳、氢、氧从水和空气中获得,其他均为矿质元素,需要从土壤中获得。硅在水稻一生中需求量很高,约为氮的 10 倍,磷的 20 倍。也称水稻为"硅酸植物"。各种元素有其特殊的功能,不能相互替代,但它们在水稻体内的作用并非孤立,而是通过有机物的形成与转化得到相互联系。一般情况下,氮、磷、钾需要量多而土壤中经常缺乏,必须掌握水稻的需要规律,用增施肥料的办法来加以补充。水稻对氮、磷、钾三要素的吸收总量,一般是根据收获物中的含量来计算的。产量水平不同,吸收养分的总量也不同,据研究,高产水稻对氮、磷、钾的吸收比例一般为 1:0.45:(1 ~ 1.2),常作为施肥比例的参数。但不同土壤的氮、磷、钾有效供应量不同,实际施用比例应有不同。一般情况下,每 100 千克稻谷需要吸收氮素 2.0 ~ 2.4 千克,五氧化二磷 0.9 ~ 1.4 千克,氧化钾 2.5 ~ 2.9 千克。由于品种类型、栽培季节、土壤性质及施肥水平等不同,吸收量也有差异。一般粳稻吸收量大于籼稻,同是粳稻品种,晚稻又比早稻吸收量大。另外矮秆品种大于高秆品种,迟熟品种大于早熟品种,密植大于稀植,深耕大于浅耕。水稻一生中吸收的氮、磷、钾在稻谷和稻草中的含量并不是平均分配的,稻谷中以氮素含量最高,而且各种成分受地区和施肥的水平影响很大,在一定产量情况下,稻草与稻谷的比值越小,对氮、磷、钾的吸收量相对减少,反之则相对增加,特别是对钾的吸收量增加更明显。

水稻不同生育期,对氮、磷、钾的吸收量不同,但与它一生中三个生长中心相适应,其吸肥规律在分蘖期稻株的生长中心是大量长根、出叶、长分蘖,有机质多用于新生器官的长成,要求有较多的氮素来形成氮化物质、氨基酸等,以促进根系,碳水化合物的积累较少,因此对氮的吸收量大于对磷、钾的吸收量。从稻穗开始分化到出穗期,稻株出叶速度缓慢、分蘖停止,根系也基本形成,这是以茎的生长、穗的形成为生长中心。植株营养生理特点是前期碳、氮代谢都很旺盛,后期则碳代谢逐渐占优势,既要求有较多的氮素以供给出叶、长茎和幼穗分化发育的需要,又要积累大量的碳水化合物,供出穗后向穗部转运,所以对氮、磷、钾吸收都多。出穗以后茎叶和根系生长基本停止,稻株的生长中心是谷粒的供浆充实,这一阶段的营养生理特点是以碳代谢为主,需要积累制造大量的碳水化合物,向谷粒中转运贮存,所以对磷、钾的吸收较多。

（二）水稻对氮素的吸收规律

水稻在苗期在 1 叶 1 心时虽未离乳,但此时胚乳中的蛋白质已经消耗殆尽,必须由根系从土壤中吸收氮肥,以合成自身的蛋白质,補充營養的需要。因此水稻苗床一定要施足氮肥。

本田期氮的需肥，有兩個高峰，第一個是水稻分蘖期，是營養體形成時期，水稻需要大量的氮肥來合成自身的物質，滿足生長分蘖的需要，氮素不足會影響分蘖，此時期必須保證充足的氮素，以促進分蘖進程，使水稻有足夠的分蘖。分蘖末期，水稻開始由營養生長向生殖生長轉換，此時氮素如果過高，就會影響生育期的轉換，並極易助長底部伸長，引起倒伏等不良後果。按照日本專家的理論，此時要絕對無氮，在實際中，要控制氮肥，盡可能少氮。第二個高峰是孕穗中後期的減數分裂期，不可缺氮，如果氮素不足，會導致穎花退化，追肥為穗肥。

（三）水稻對磷的吸收規律

水稻各生育期均需要磷，以幼苗期和分蘖期吸收最多，插秧後 20 天左右為吸收高峰。水稻從苗期吸收磷，在生育過程可反復多次從衰老器官向新生器官轉移，早期施用磷對保證水稻前期的磷素供應極為重要。

（四）水稻對鉀的吸收規律

水稻幼苗對鉀素吸收量不高，鉀吸收高峰在分蘖盛期到拔節期。孕穗期莖、葉中含鉀量不足 1.2%，穎花數會顯著減少。高鉀對增加穎花數量，提高水稻抗倒伏能力有較大作用。

（五）水稻對硅肥的吸收

水稻是典型的喜硅作物，土壤硅含量高但水稻的利用率卻很低，硅對水稻增產有絕對的作用，主要原因是：增加穗數、穗粒數，降低空秕率和提高千粒重的作用。水稻施用硅肥之後，莖葉中硅含量增加，硅化細胞增多，堅實度增加，水稻抗倒伏能力增強，並能有效地控制或減少葉瘟和穗頸瘟的發生危害。硅是水稻高產必需的營養元素。水稻施硅肥，根系生長良好，莖硬葉挺，可提高水稻抗倒伏和抗病蟲害的能力，提高稻米的質量和產量。隨著產量的進一步提高，硅肥的施用應該提上日程。常用的含硅肥料主要有三種：

1. 高效硅肥

主要成分為硅酸鈉和偏硅酸鈉的混合物，含水溶性二氧化硅 55%～60%，畝用量 6～7 千克，作追肥最好。

2. 硅钙肥

主要成分是偏硅酸钙,一般含有效硅(枸溶性)20% ~ 30%,亩用量 50 千克左右,可作基肥也可作追肥。

3. 工业炉渣类

主要是钢铁工业炉渣和热电厂高钙灰,所含硅的溶解性较差,应作基肥,施用量每亩 100 千克以上。

(六)锌肥的施用

土壤的 pH 值与锌的吸收利用呈负相关,pH 值越高,锌的利用率越低,施用一定量的锌肥对水稻产量有很大帮助。苗床上锌肥可施硫酸锌(含量 99%)0.5 克/平方米;本田施用量为 15 ~ 20 千克/公顷。

(七)施肥原则

1. 水稻测土配方施肥

要掌握以土定产,以产定肥,因缺补缺,有机无机相结合,氮、磷、钾平衡施用的原则。

(1)测土 测土是测土配方施肥的前提,通过对土壤养分分析测定,较准确地掌握土壤养分状况及供肥性能,为配方施肥提供科学依据。

(2)配好配方 配方是施肥的关键。在测土的基础上,根据土壤特性、栽培习惯、作物的需肥规律、生产水平和气候等条件,结合上年的产量水平,确定目标产量,再根据肥料的效应,提出氮、磷、钾的最适用量和最佳比例。

(3)配肥(供肥) 按照配方要求选择优质单质肥料或专用肥、复合肥、有机无机复混肥等肥料品种进行科学搭配。

(4)施肥模式 根据土壤类型、作物的生育特性和需肥规律,制定相应的施肥模式。

2. 施足基肥

基肥以有机肥为主,化肥为辅。有机肥属完全肥料,含有各种养分,除氮、磷、钾外,还有钠、镁、硫、钙及各种微量元素,施用有机肥,可改善土壤通气性能,提高保肥保水性能,促进稻株稳健生长,从而有利于水稻获得高产优质。农家肥一定要选用腐熟的农家肥。

3. 控制氮素肥

水稻适量施用氮肥可促进稻株发棵生长,但过量施用,不仅会造成无效分蘖增多,变青、倒伏、病虫害加剧,而且导致空秕粒多,结实率下降,影响水稻产量。因此,在水稻生长发育过程中要注意控制氮肥用量。

4. 重视施用磷、钾肥

磷、钾肥是水稻生长发育不宜缺少的元素,可增强植株体内活动力,促进养分合成与运转,加强光合作用,延长叶的功能期,使谷粒充实饱满,提高产量。磷肥以基肥为宜,钾肥以追施较好。

5. 适当补充中微量元素

中量元素硅、钙、镁、硫,均具有增强稻株抗逆性,改善植株抗病能力,促进水稻生长的作用,实践表明:缺硫土壤施用硫肥、缺硅土壤施用硅肥,均有显著的增产效果。微量元素如锌、硼等,能改善水稻根部氧的供应,增强稻株的抗逆性,提高植株抗病能力,促进后期根系发育,延长叶片功能期,防止早衰;能加速花的发育,增加花粉数量,促进花粒萌发,有利于提高水稻成穗率;还能促进穗大粒多,提高结实率和子粒的充实度,从而增加稻谷产量。

第三节
水稻多目标栽培的主要技术介绍

一、水稻旱育稀植栽培技术

水稻旱育稀植栽培,是一项将旱育秧和合理稀植相结合的水稻栽培技术。这项技术是 20 世纪 80 年代从日本引进到我国东北稻区

73

进行试验,后来由北向南逐步发展起来的。各地在吸收日本寒地旱育稀植技术的基础上,根据当地的生态环境、生产条件和技术水平,进行了相应的改进和完善,形成了现在不同地区各具特色的旱育稀植技术体系。这项技术不仅适用于北方单季稻区应用,而且还适宜于南方双季稻地区推广。

(一) 旱育稀植栽培的优点

☞ 秧苗矮健,白根多,根系活力强,抗寒性好。

☞ 返青成活快,分蘖早、分蘖旺盛,成穗率高,穗大粒多结实好。

☞ 保温、增温效果好,安全播期可比水田育秧提早 7 ~ 10 天,有利于早栽高产和躲避伏旱。

☞ 利用旱地育秧,操作方便,工作人员可不受水田育秧的早春寒冷之苦,改善了劳动环境。

☞ 增产节本效果好,一般可比常规栽培每公顷增产稻谷 750 千克,同时省秧田、农膜,还可省工、省肥、省水。

旱育稀植栽培技术对于解决两熟制早稻育秧期间遇到低温烂秧、栽后僵苗迟发问题,扩大迟熟品种面积,以及保证连作晚稻早插高产,具有十分重要的意义。

旱育稀植栽培的关键是旱育秧。它是指在接近旱地条件下培育水稻秧苗。旱地土壤中氧气充足,水热气肥容易协调,有利于培育壮秧。利用旱育壮秧的优势,再通过在本田里适当降低栽插密度,多利用分蘖成穗,加上科学的肥水调控方法,实现穗大粒多,稳产高产。

(二) 旱育秧的技术要点

1. 苗床的选择、规划和培肥

要求苗床土壤肥沃、疏松、深厚、偏酸,地下水位在 50 厘米以下,便于灌溉,苗床应相对固定,一床多用,多季培肥,床土厚度在 18 ~ 20 厘米。秧龄 30 ~ 40 天的,每亩大田准备 35 平方米苗床;秧龄 25 ~ 30 天的,每亩大田准备 25 ~ 30 平方米苗床;秧龄 20 天左右的,每亩大田准备 15 ~ 18 平方米苗床。秋收后采用干耕干整的第一次全层施肥(碎稻草),第二次于年前施肥(碎稻草)再耕翻,第三次于翌年春播前施杂肥和化肥后整地,使碎稻草、杂肥、化肥和土壤充分拌匀,总用肥量为碎稻草3~5千克/平方米,家畜粪肥2~3千克/平方米,过磷酸钙0.25千克/平方米。如果培肥较晚,应施用腐熟肥料,在播前15~20天一次性施入,用量为3~5千克/平方米。

2. 苗床调酸

可先用试纸测定酸度,方法是取床土4~5块重0.5~0.75千克,加水调匀成浆放试纸比色即可。一般红黄壤、青紫泥的pH值在6以下可以不调酸,若pH值大于6应调酸。调酸方法是播前10~20天,每平方米用工业硫酸3毫升加水5升混合浇施喷匀,或用100克硫黄粉与5千克熟土充分混合,再均匀拌入10厘米深床土层中,并保持土壤湿润。

3. 苗床做畦、除草与施肥

畦长随田块而定,一般长8~10米、宽1.5米。畦沟宽20~30厘米、深20厘米,外围沟宽30厘米、深50厘米。畦面要求平整、土碎,5厘米深土层中无直径大于1厘米的土块。畦做好后,如杂草较多,在播前5~7天,用旱秧田专用除草剂封草。每平方米施入尿素30~50克、过磷酸钙150克、氯化钾40克,耖耙3次以上,使肥料均匀拌和在10~15厘米土层中。要注意防治地下害虫。要求床土无病原菌,透水性好。床土含水量以手捏成团,泥不沾掌,落地即散为准。

4. 准备盖种土

可收田土或焦泥灰过筛后盖种用,每平方米苗床须准备细土7.5千克或等量的焦泥灰。

5. 浸种、催芽与播种

选用高产优质、适应茬口需要的品种(组合),根据品种特性、移栽时的叶龄,确定适宜播种量和播种期。将芽谷均匀播在苗床上,用木板轻压入土,再用盖种土均匀覆盖,厚度1~1.5厘米,而后喷洒1次透水。为了保温保墒促苗齐,早稻要用薄膜覆盖。

6. 苗床水肥管理和及时揭膜

在覆膜期间一般不要洒水，但土壤干燥时应及时喷洒透水。揭膜后及起秧前，即使床面开裂，只要中午叶片不打卷，都不宜补水。遇雨要及时排水降渍。若遇特殊天气，叶片卷筒，要在傍晚补水，使表土湿润即可。在晴天气温过高时要及时揭膜，揭后立即喷洒 1 次透水，以弥补土壤水分的不足。小苗一般无须追肥，中大苗可视苗情在起秧前 1 天傍晚，结合浇 1 次透水，施适量起身肥。

二、水稻抛秧栽培技术

水稻抛秧栽培，是指采用纸筒、塑盘等育苗钵体培育出根部带有营养土块的相互易于分散的水稻秧苗，或采用常规育秧方法育出的带土秧苗，手工掰块分秧，然后将秧苗撒抛于空中，使其根部随重力自由落入田间定植的一种水稻栽培法。水稻抛秧最早始于日本。我国自 20 世纪 60 年代开展水稻带土小苗人工掰块抛秧试验，70 年代至 80 年代初期，在引进日本抛秧技术的基础上开始研究水稻钵体育秧抛栽技术，90 年代以来，由于水稻抛秧栽培非常符合广大稻农对省工、节本、高效技术的迫切要求，因而得到了较快的发展，应用面积逐年扩大，应用范围不断拓宽。

近年来，中国水稻研究所通过选用优质水稻新品种进行水稻双季抛秧技术研究，组装集成了一项水稻双季优质品种、双季抛秧、亩产稻谷双千斤的配套技术（简称"水稻双优双抛双千斤技术"），在生产上推广应用，取得了显著的增产增收效果。

（一）水稻抛秧栽培的优点：

1. 省工、省力，有利于缓和季节矛盾

各地多年抛秧实践表明，与传统手工移栽稻相比，抛秧稻每公顷一般可节省用工 22.5 ~ 37.5 个，工效提高，劳动强度大大减轻，特别是在双季稻区，有利于争取季节，确保水稻适时栽插。

2. 省种子、省秧田，有利于集约化育秧

每公顷大田可节省秧田约 0.1 公顷，且秧苗成秧率高，可节约用种 20% ~30%。抛秧栽培还有利于实现统一供种、统一育秧、统一管理、统一供秧的工厂化育秧。

3. 有利于水稻的稳产高产

抛秧秧苗素质好，根系发达，白根多，吸收能力强；起秧时不伤根，抛秧时秧苗带土带肥，"全"根下田，且入土浅，秧苗早生早发；抛秧可以保证达到预期的密度和实现高产所需要的合理苗穗粒结构。

（二）水稻抛秧栽培的技术要点

☞ 选用产量高、熟期适宜、米质较优、抗性好的品种。

☞ 根据当地气候条件、茬口安排和品种特性，确定播种期和抛秧日期。

☞ 培育秧龄短的健壮秧苗。早、晚稻塑盘秧采用湿播旱育方式，早稻覆膜保温，晚稻多用麦秸、稻草覆盖，避免高温强光照或阵雨冲刷，使出苗整齐。幼苗期做到保湿出苗，3 叶期开始排干秧沟水，以旱育为主。

☞ 抛秧田现耕现耙，平整后按 3 ~4 米（手抛）或 6 ~8 米（机抛）宽度，起沟做畦，清除杂草残茬，耥平，保持泥土软糊无水层。

☞ 秧苗要抛够、抛匀，提高抛秧质量。抛秧稻的田间基本苗数可与手插秧相当或高 5% ~15%。抛秧时要划块定量抛秧，可先抛 2/3 的秧苗，后点抛 1/3 的秧苗补空补稀。抛后要及时匀苗和清理田间操作行。

☞ 合理运筹肥料。前期促早发；中期适当控制分蘖盛期氮肥用量，促稳长；后期看苗补肥，防止早衰，提高成穗率和结实率。

☞ 搞好水分管理，使水稻协调生长，达到健根防倒效果。

☞ 综合防治病、虫、草害。要特别注意防治纹枯病、稻飞虱等。抛秧稻田间植株分布无规律，不便中耕除草，应十分重视前期的化学除草。

三、水稻直播栽培技术

水稻直播栽培,是指将种子直接播于大田进行栽培的种植方式。20世纪50~60年代,我国北方稻区的许多国有农场曾经采用直播种稻,因为草害重、产量低,不久又改为移栽。70年代,北方稻区为了节水、抗旱,又研究和发展了一种水稻旱种式的直播稻生产,推广面积曾达到10多万公顷。90年代以来,蕴含现代科技的直播稻,以其省工、省力、节本、高产、高效的特征,在南方稻区受到越来越多稻农的欢迎和采纳,并在实践中显露成效,特别是在我国东南沿海经济较发达地区发展较快。据调查统计,目前全国直播稻的年种植面积在120万~150万公顷。

(一)直播稻的优点

1. 省工、省力,劳动生产率高

与手工插秧相比,平均每公顷省工45~60个,节省劳动成本1 200~1 500元,劳动生产率可提高1.5倍以上。

2. 能缩短生育期

因为没有拔秧伤苗和移栽后返青过程,能提早分蘖,生育期比同期播种的移栽稻缩短5~7天。

3. 扩大播种面积

不占用秧田,有利于扩大播种面积。

4. 投入产出率高,经济效益好

据有关资料,直播稻单位面积投入产出比率比移栽稻高22.35%。

5. 有利于发展规模经营

水稻直播可以缓解劳动力季节性紧张的矛盾,同时便于机械化作业和提高机械化程度,特别对种植大户和大中型农场有重要的应用价值。

（二）水稻直播栽培技术概况

根据土壤水分状况以及播种前后的灌溉方法,又可将直播稻分为水直播、旱直播、湿直播和旱种稻 4 种类型。中国水稻研究所于 20 世纪 90 年代初,在前人研究的基础上,针对我国南方稻区直播稻生产在全苗、倒伏、杂草、品种及农艺农机配套等方面存在的问题,通过多年研究,系统地提出了一套"带耙田、开沟、培土湿条播"和"带旋耕灭茬覆土旱条播"及其相适应的品种选择、全苗保苗、水肥调控、深根壮秆防倒伏、杂草综合防除、农机配套操作 6 项关键技术在内的,适用于我国南方稻田的直播稻省工省力、优质、高产高效栽培技术体系。试验结果表明,采用"带耙田、开沟、培土湿条播"播种方法,与一般的人工湿撒播比较,在播种出苗后田间基本苗数大致相同的情况下,每平方米的最高茎蘖数降低了 98.0 个,使分蘖高峰期的田间群体得到了有效控制,群体矛盾明显缓和,虽然有效穗数略有减少,每平方米减少 22.8 个,但成穗率明显提高,提高了 5.15 个百分点,平均穗型增大,每穗实粒数增加 9.8 粒,结果每公顷产量增加 492.45 千克,增幅 6.68%。

四、水稻免耕栽培技术

水稻免耕栽培,是指在收获上一季作物或空闲后未经任何翻耕犁耙的稻田,先使用除草剂灭除杂草植株和落粒谷幼苗,催枯稻茬或绿肥作物后,灌水并施肥沤田,待水层自然落干或排水后,进行直播或移栽种植水稻,再根据免耕的生育特点,进行栽培管理的一项水稻耕作栽培技术。不同地区和不同类型稻田,因生态环境和生产条件不同,其免耕形式也不同。如板田直播栽培,适宜于疏松的稻田及秧田中推广;以旋代耕栽培,适宜于机械化程度高的地区及春花田和连作晚稻田;半旱式免耕栽培,主要用于冬水田、冷(烂)田及壤土地区的稻田综合利用(如垄稻沟鱼、萍、茭白);撬窝免耕栽培,适合于黏土地区推广应用。在当前种粮比较效益低和农民外出务工增多的新的农村形势下,免耕栽培具有很大的推广价值和应用前景。

（一）水稻免耕栽培技术的优点

水稻免耕栽培技术改变了传统的翻耕栽培做法，直接整地播种或插秧，简便易行，既可以省工节本，减轻劳动强度，缓和季节矛盾，又能够提高产量和经济效益，还能减少水土流失，改良土壤，促进生态平衡。因此，近年来，在全国各地均得到了广泛应用。

（二）水稻免耕栽培的技术要点

☞ 根据温光资源和耕作制度，选用生育期适宜的品种。早稻直播品种还须注意苗期的耐寒性要强。

☞ 免耕抛秧栽培，与常规抛秧及插秧栽培比较，对秧苗素质的要求更高，须根据不同的应用模式采取相应配套的育秧技术。

☞ 水稻免耕抛秧或直播前的化学除草和灭茬是技术的核心环节之一，要选择灭生性除草剂。适用的除草剂要具备安全、快速、高效、低毒、残留期短、耐雨性强等优点。

☞ 施用除草剂后 2 ~ 5 天，免耕稻田要全面灌水，早稻田浸泡 7 ~ 10 天，晚稻田浸泡 2 ~ 4 天，中（单晚）稻田浸泡 5 ~ 7 天，待水层自然落干或排水后抛秧或直播。

☞ 免耕水稻抛秧密度和直播的播种量，要比常规翻耕整田的有所增加，一般增加 10% 左右。

☞ 要加强免耕田的肥水管理。在施肥技术上，采用免耕抛秧秸秆覆盖还田的，为了加速秸秆、稻桩和杂草植株腐烂，浸田时可施用适量的速效氮肥，以调节碳氮比。一般情况下全生育期总施氮量要比常规抛秧或直播田增加 10% 左右，宜采用勤施薄施方式。在水分管理上，要掌握勤灌浅灌、多露轻晒的原则。

五、水稻优质无公害栽培技术

水稻优质无公害栽培也称稻米品质、质量优化栽培，是指在选用适合当地生态条件以及适应市场需求的优良水稻品种的基础上，合理配置和优化稻田的光、热、水、土等自然资源,采取科学的用种、用苗、用水、用肥、用药等栽培途径和栽培措施,扬长避短地发挥优良水稻品种的生产潜力和品质特长,生产出符合无公害食品要求的稻米产品。

水稻优质无公害栽培的技术内涵主要包括以下几点。

1. 选择、利用和创造适宜于稻米优异品质形成的相关必需条件,这是开展水稻优质栽培的前提

这些必需条件主要包括:

(1)在水稻生长季节,充足的光照和适宜的温度、湿度条件 在优质水稻品种生育的中后期,不仅要有充足的光照,还要有较大的昼夜温差(一般为 10 ~ 15℃);水稻孕穗抽穗至灌浆成熟阶段一定要安排在具有最佳的光照、温度、湿度时段,既能避高温,又能防低温,还要躲避干热风和寒冷风。

(2)良好的水、肥、土、气及无污染的环境条件 如水源要有保证,并且是无污染的洁净水。生产优质稻米的基地应该是土壤无严重污染的水田,要求土层深厚、肥沃、通气透水且保肥供肥性能好等。

(3)优质的水稻品种 必须是高质量的种子,要求种子净度好、纯度高、发芽率高、发芽势强等。2004 年初,农业部组织全国各地有关专家,经过几上几下的充分酝酿、反复讨论和集中评选,推荐出分别适合于我国东北平原、长江流域和东南沿海等主要稻区种植的水稻优质品种 70 个,可供各地选择使用。

(4)较高的科技素质 优质水稻的生产者要有较高的科技素质,善于学习,能够掌握和应用优质栽培新技术。

2. 确立以优质水稻为主体的稻田复种轮作制度,这是实施水稻优质栽培的基础

由于优质稻米生育需要与之相适应的最佳光温资源,因此进行优质稻米生产,要与改革农作制度和调整作物、品种及品质结构相配套,要选好与优质水稻生产相适宜的前作和后茬。只有这样,才能确保优质水稻处在最合适的生长季节,才能处理好优质水稻最佳灌浆期与安全齐穗期的关系,使光、温、水、气等必需的生态条件真正落到实处。

3. 因地、因种建立和运用优质栽培关键技术

优质栽培,要针对各地水稻生产中存在的弱苗、弱蘖、弱穗、弱花、弱粒等生育薄弱环节和化肥、农药等化学物质施用过多与各种重金属污染等严重问题,通过采取行之有效的关键栽培途径和措施,来充分发挥水稻的品质特长和品质潜力,以生产出优质、无公害的稻米。这些关键技术包括:

(1)育足壮秧促壮苗　要选择适合当地具体生态与生产条件的育秧方法,适当降低秧田播种量。

(2)稀植早发促壮蘖　要有机肥与无机肥相结合施足基肥,合理稀植和宽行窄株,早施分蘖肥。

(3)水肥耦合攻壮穗　要着重科学运筹肥水,适时适量施用穗肥,看苗补施促花肥,根外追施保花肥,要实行干湿交替与湿润灌溉。

(4)养根保叶增粒重　重点是实行间歇灌溉,保持干干湿湿,协调土壤水、气关系,以水养根,以根保叶,青秆黄熟。

(5)全生育期综合防治病虫草害　主要是采取农业防治、生态防治和药剂防治相结合,选择低毒、低残留和无公害农药适时适量施用。

(6)适时收获,保产保质　要看天、看田、看稻掌握最佳收割时间,减少产量损失,保证割晒质量和贮藏加工质量。

六、水稻群体质量栽培技术

水稻群体质量栽培技术指通过优化群体结构、提高群体质量来获得高产的栽培技术。

(一)水稻群体质量栽培技术概况

扬州大学农学院的水稻栽培专家们继研究提出"叶龄模式栽培"后,又开展了"高产群体质量指标"的研究,并于 20 世纪 90 年代初提出了"水稻高产群体质量指标概念及优化控制"的理论,在此理论基础上形成了水稻高产栽培技术(凌启鸿等,1994)。该理论认为,水稻群体质量的提高,最关键的是要提高抽穗至成熟期群体干物质的生

产积累量,这是高产群体质量的最本质的指标,因为这一时期的群体干物质积累量与子粒产量呈高度正相关。只有不断增加开花后干物质生产量,才能不断提高稻谷生产量。在实际应用该理论时,应在以合理基本苗获得适宜穗数的前提下,通过前期大力控制无效分蘖,压缩高峰苗数(同时也降低了无效叶面积率和基部的低效叶面积率),提高茎、蘖成穗率(由生产上的 60% 左右提高到 80%～90%),进而在中期攻取大穗(同时也促进了顶 3 叶生长,提高高效叶面积率),全面提高群体各项质量指标,建成后期高光效群体,实现产量的大幅度提高。

(二)水稻群体质量栽培的技术要点

1. 根据最佳抽穗期安排适宜的播栽期

一般籼稻抽穗结实期适宜温度为 26～28℃,粳稻为 24～26℃,应以此作为确定高产群体最佳抽穗结实期的依据。

2. 走"小群体、壮个体、高积累"的栽培途径,充分发挥个体生长潜力

用保持适宜穗数和主攻大穗的方法提高群体总颖花量,可以避免叶面积的过多增加,有利于增强有效生长,控制无效生长。

3. 提早适度控制无效生长

按叶龄进程,在有效分蘖临界叶龄期以前,提早控制无效分蘖的发生,控制茎秆基部节间伸长和基部包茎叶片的生长,促进根系的生长。

4. 肥、水结合,稳攻大穗

必须在分蘖停止的基础上,从倒 3 叶至剑叶长出为止,视群体和植株的生理状况,肥水兼施,稳攻大穗。

5. 后期根叶互养互保

抽穗至成熟期必须控制绿叶面积下降速度,维护并充分发挥高光效群体的功能。主要是加强病虫害防治,灌好水(湿润间歇灌溉),养根保叶,辅以粒肥和根外追肥,延长根、叶的寿命。

七、水稻"三高一稳"栽培技术

"三高一稳"栽培是指通过提高成穗率、提高实粒数、提高经济系数及稳定穗数来实现水稻高产。

（一）水稻"三高一稳"栽培技术概况

它是浙江省农业科学院等单位研究提出的水稻栽培技术，是在早发的基础上控制后期无效分蘖，降低苗峰，提高成穗率，在穗数大致相同的条件下，大幅度增加每穗粒数，高稻谷产量（蒋彭炎等，1996）。水稻"三高一稳"栽培法不仅在理论上有自己独特的生物学基础，在技术上也自成体系，围绕"高成穗率"和"稳穗增粒"，对几个主要技术环节做了较大幅度的调整，取得了明显的综合效益。试验示范结果表明，采用"三高一稳"栽培比当地目前生产上采用的高产技术，最高苗明显减少，成穗率提高10% ~ 15%，穗数持平，每穗实粒数增10%左右，千粒重提高0.4 ~ 0.8 克；水稻个体明显增大，齐穗期单茎干重增7% ~ 9%，基部节间略有缩短，茎秆明显增粗（直径增8% ~ 10%），穗层整齐度明显提高，纹枯病减轻（株发病率减少50%以上），成熟期单茎绿叶数增多，不早衰，高产稳产。

（二）水稻"三高一稳"栽培的技术要点

1. 壮秧少本密植

通过稀播、早施断奶肥、促蘖肥、喷用多效唑、勤除杂草等措施，在移栽时育成带蘖壮秧。在适宜行株距、插足基本苗的基础上，少本匀插。

2. 按前促蘖、中壮苗、后攻粒的原则施肥

中等肥力以上的土壤，每公顷施11 250 ~ 15 000 千克腐熟农家肥，配施适量磷、钾肥，再施化学氮肥（纯氮）165 千克左右，即可获较高产量。氮肥大致按下列比例分期施入：基、蘖肥50% ~ 70%，保花肥（倒2 叶露尖）20% ~ 30%，粒肥（始穗至齐穗）10% ~ 20%，少施或不施分蘖肥。

3. 超前搁田或深灌水,控制后期无效分蘖

在田间总苗数达到计划穗数的80%左右时,开始搁田,搁到土壤含水量40%~50%(上层已硬实,脚踏有印而不陷)时,灌一次水,翌日排水再搁,反复多次进行,直至倒2叶露出,这时再建立水层。在水源充足的条件下,或者搁田期遇长期阴雨天气无法搁田时,可超前深灌水。到达穗数苗的80%左右时,深灌水至最上位叶穗处,后随稻苗长高,水层加深。最深水层维持20厘米左右,直至倒2叶露尖时,排水露田。

八、水稻旱育宽行增粒栽培技术

水稻旱育宽行增粒栽培技术,是水稻肥床旱育秧苗、宽行窄株移栽、控蘖促花增粒的技术体系,简称"旱、宽、增"高产高效栽培模式。它是中国水稻研究所在水稻旱育秧的基础上研究提出的一项节本、高产、高效栽培技术。

(一)水稻旱育宽行增粒栽培技术原理

其原理可以简要概括为"一个核心,三个支柱"。

1. 一个核心

是指通过激发水稻内在生理生态机制(内因),开发水稻个体生产潜力和提高群体生产协调度。

2. 三个支柱

是指创造三个良好的外在栽培环境(外因)来实现水稻优质高产。

三个支柱的具体内容

☞ 通过肥床旱育,利用水分胁迫,塑造秧苗的强根优势,育足匀壮秧。

☞ 通过宽行窄株,合理稀植,利用水稻自动调节功能,在触发根系爆发力的同时,引发分蘖爆发力,提高分蘖成穗率。

☞通过科学施肥、管水,控蘖增粒,合理重施穗肥,促、保颖花,提高植株后期光合效率。

（二）水稻旱育宽行增粒栽培技术的优点

1. 旱育与肥床配套

协调幼苗生长所需的水、肥、气、热供应,保证根旺苗壮。

2. 宽行与窄株配套

保证单位面积上有足够的穴数与落田苗数及田间良好的通风条件,缓解个体间相互争营养、争空间的矛盾,提高群体质量。

3. 促花与控蘖配套

运用肥水调控,及早达到穗数苗,控制苗峰,提高成穗率和结实率。

（三）水稻旱育宽行增粒栽培技术要点

1. 选用高产优质品种,肥床旱育匀壮秧苗

在原有旱育秧的基础上,强调肥床培育和控水胁迫,发挥肥水耦合效应,以肥控水,以水调气,以水调肥。

2. 宽行窄株移栽

采取宽行窄株(25～30)厘米×(10～13)厘米方式移栽,合理稀植,保证落田苗数。插秧规格根据品种、土质、秧苗素质、季节等具体情况灵活掌握。插秧要求做到不插深水秧,不漂秧,不浮秧,不伤秧,不勾秧,株、行顺直。

3. 控蘖增粒的肥水管理

移栽—拔节期采取促早发管理,包括水层护苗,浅灌勤灌,适当露田促使根系舒展下伸;在施足基面肥的基础上,一般少施或不施分蘖肥,对生长不平衡的田块,要及时补肥捉"黄塘"(指局部的缺肥现象),吊平稻面,并适量施用壮秆肥,注意防治杂草。拔节—见穗期采取控蘖促大穗管理,及时控制苗峰,在达到预定穗数苗的90%时即可排水分次轻搁田,防止苗峰过高,减少无效分蘖,改善群体基部通风透光条件,促进大蘖优势,提高成穗率;适时适量重施穗肥,主攻大

穗,增加穗粒数和提高结实率,密切关注水稻常发病虫的预测预报,及时防治病虫害。见穗—成熟期进行减秕增重管理,包括加强水浆管理,养根保叶,防止脱肥早衰,延长功能叶寿命,强化增粒优势,协调强势花与弱势花的争养分矛盾。抽穗扬花期保持水层,齐穗后干湿交替,常灌跑马水,达到以水调气,以气养根,以根护叶,以叶增重。

九、水稻"旺根、壮秆、重穗"栽培技术

水稻"旺根、壮秆、重穗"栽培技术,简称"旺壮重"栽培法,是湖南农业大学等单位研究提出的水稻高产超高产栽培技术。

(一)水稻"旺根、壮秆、重穗"栽培技术的技术内涵

中秆大穗品种比矮秆多穗品种更具有高产潜力,提高个体质量比增加群体数量更具有高产潜力,主要通过培育壮秧、创造早发群体,以高光合产物积累、大穗、大粒和高结实率获得高产。发达的根系是水稻高产的基础,在生产上可以通过旱育秧、施用壮秧剂以及适当的肥水管理来促进旺根。通过肥水管理促"壮秆",前期争取群体早发,使植株尽可能多地积累光合产物;后期控制无效分蘖,提高成穗率,实现个体与群体的协调。在水稻灌浆结实期,采取适宜的栽培措施,延续根系和叶片的衰老,让它吸收更多的养分,制造更多的光合产物,同时让植株当中积累的光合产物顺利地向子粒转移,把生物产量充分转变成经济产量,达到"重穗"的目的。

(二)水稻"旺根、壮秆、重穗"栽培技术要点

☞ 选用分蘖力中等偏弱的中秆、大穗大粒型品种(组合)。

☞ 通过旱育稀播或采用多功能壮秧营养剂培育壮秧。

☞ 采用宽窄行匀株移栽或抛栽,改进群体通风透光条件,提高光能利用率。

☞ 采用一次性全层施肥技术或稳前、攻中、促后施肥,促进前

期群体的早发、中发和中后期根系生长。

☞ 及时晒田或采用分蘖调节剂控制无效分蘖。

☞ 采用化学除草,综合防治病虫害。

☞ 应用谷粒饱等物化产品防止后期根系、叶片早衰。

十、超级稻栽培技术

在 20 世纪 90 年代中后期,我国开始进行超级稻的育种及栽培技术体系的研究。随着超级稻品种(组合)在生产上的应用以及相应配套的超高产栽培技术的完善,我国水稻生产由高产到更高产,产量水平上了一个新台阶。如中国水稻研究所等单位,通过多年的多学科、多专业协作研究和示范,形成了一套以精量播种、培育壮苗、宽行稀植、定量控苗、无水层灌溉、精确施肥、综合防治等为关键措施的水稻超高产栽培集成技术。通过实施,该技术实现了超级稻协优 9308 组合大面积产量超 11 250 千克/公顷、少数田块产量超 12 000 千克/公顷的超高产目标。

超级稻栽培的技术要点

1. 适时精量播种,培育壮苗

根据品种或组合生育特性安排适宜播种期和移栽期;在精量播种的基础上,配合浅水灌溉、早施分蘖肥、化学调控、病虫草防治等措施,达到苗匀、苗壮。

2. 宽行稀植,定量控苗

超高产栽培密度为 19 ~ 20 丛/米^2,行距在 28 厘米左右,一般每丛插单本,如单株带蘖少可插双本,这样有利于提高成穗率,减少纹枯病的发病率。

3. 无水层灌溉,发根促蘖

在整个水稻生长期间,除水分敏感期和用药施肥时采用间歇浅水灌溉外,一般以无水层或湿润灌溉为主,使土壤处于富氧状态,促进根系生长,增强根系活力。

4. 精确施肥,提高肥料利用率

结合不同生长期植株的生长状况和气候状况进行施肥调节。肥料的施用与灌溉结合,以改善根系生长量和活力,提高肥料的利用率和生产率。

5. 综合防治,降低病虫草害的发生

除了及时进行病虫害的化学防治外,一些超级稻组合还可以通过适当晚播避开一些病虫的侵害,或与其他作物的水、旱轮作、间作,能有效地减轻多种病虫害。

十一、水稻节水栽培技术

水稻节水栽培,是指根据水稻生理生态需水规律,通过减少水稻生育期中水分的无效损耗来提高灌溉水的有效利用率的水稻栽培技术。缺水是我国面临的最严重问题之一。我国农业用水占总用水量的80%。农业生产最受干旱缺水的困扰,而占农业用水65%以上的水稻生产更是首当其冲,每年均有一部分稻田因旱灾造成减产。研究和开发节水种稻技术,发展节水型稻作,对解决我国21世纪水危机和保障食物安全,具有重大的现实意义和长远意义。

(一)水稻节水栽培技术的优点

近年来,中国水稻研究所等国内科研单位,在过去水稻旱种的基础上研究形成的水稻地膜覆盖栽培技术,是指水稻直播或育苗移栽在有地膜覆盖的旱田或湿润水田上,然后在非淹水条件下实行旱管或湿润管理的一种水稻覆盖栽培。它不仅能蓄水保墒,有效地节水,而且可以保持和提高地温,防御低温冷害,促进水稻早发快长,延长营养生长期,同时还能防止水土流失,减少土壤养分损失。研究结果表明,水稻地膜覆盖栽培具有明显的节水增产效果,比普通灌溉水稻可节省灌溉水35%~67%,比不覆膜水稻旱种增产18%~63%。

（二）水稻覆膜栽培的技术要点

1. 选择适宜品种

可以选择比普通水栽稻生育期稍长、根系发达、耐旱耐瘠、分蘖能力强、个体生产潜力大的重穗型品种。

2. 栽培方式和密度

覆膜种稻的方式主要有 3 种，第一种是覆膜后水稻旱育旱栽或水栽，第二种是先播种后覆膜的覆膜直播，第三种是先覆膜后播种的覆膜直播。可平作也可畦作。覆膜稻密度应根据不同地区、品种、地力、施肥水平和管理水平等确定。一般来说，可以比当地普通水田稻适当稀一些。

3. 合理施用全层全价基肥

覆膜种稻，由于膜内温度较高，又不受雨水或灌溉水的淋溶、冲刷，因此土壤保肥、供肥性能都比较好。为保证覆膜稻全生育期对养分的需求，必须实行一次性全层全价施肥。应以有机肥为主，搭配适量化肥，进行复混，或利用市场上有的生物复合肥、专用缓释肥等。可采用耕作前后的二次全耕层施肥法。

4. 节水灌溉技术

根据有关试验，覆膜稻的关键灌水期为移栽期、孕穗抽穗期和乳熟期。移栽期可实行湿润灌溉，土壤含水量以达到田间最大持水量标准为宜；孕穗期和抽穗期均可采取浅水至湿润灌溉，畦作时只需半沟水即可；乳熟期及以后保持干干湿湿即可。

5. 除草与防治病虫害

根据各地的试验与观察，杂草防除主要是在覆膜前用化学除草剂封杀。另外，穴眼里长出的草，要及时拔除。覆膜稻的病害发生较轻，一般不用防治。虫害主要是前期地下害虫和生育中期的螟虫。地下害虫，可在覆膜前用相关药剂拌土撒施或拌基肥撒施。螟虫，主要是应用有关化学杀虫剂防治，要做到早调查、早发现、早施药。

十二、水上种稻技术

水上种稻,是指在水面上种植水稻,亦即利用水面资源生产稻谷的栽培技术。在自然水域水面上种植水稻,将为进一步发展我国的农业生产、缓解我国粮食与人口的矛盾提供新的方法和思路。中国水稻研究所等单位的研究人员于 20 世纪 90 年代,研究和开发在自然水域表面种植水稻的技术获得成功。

(一)水上种稻技术的优点

水上种稻技术应用在污染水域上,不仅能收获稻谷,还可以通过水稻的吸收利用和根系的吸附作用,去除水体中的氮、磷等富营养元素及其他污染物,从而实现变废为宝,化害为利,使污染水域的水面和水体成为一种新的可利用资源。

(二)水上种稻的技术要点

1. 培育秧苗

水上种稻一般采用移栽的方式,即在水田培育秧苗,在适宜的秧龄期将其移栽到水面上。

2. 浮床准备

目前市场上没有专门用于水上种植的浮床材料,因此需要采用工业或建筑用的聚苯乙烯材料,然后根据水上种稻需要进行必要的加工。一般采用大小为 100 厘米×150 厘米、厚 5 厘米的聚苯乙烯泡沫板,根据需要打孔种植。

3. 基质准备

固定秧苗的基质为中泡海绵,基质要根据种植孔的大小而定,原则上是能固定秧苗即可。

4. 水稻移栽

移栽作业一般在河(湖)岸上进行。其程序是先将秧苗根部的泥块洗净,再用浸透水的海绵包住水稻秧苗的根基部,然后插入种植孔中。

5. 浮床连接与固定

移栽好秧苗的浮床重量很轻,放入水面后按照一定的规格进行连接(视水域大小而异)。可用自制的"U"形铁钉,或用竹片加绳子加以连接。

6. 施肥

水上种稻的施肥数量和次数,视水域的水质情况而定。一般情况下,水体中总氮在 5 毫克/升以上时,无须施肥;在 5 毫克/升以下时,一般要施肥;在 5 毫克/升以下、2 毫克/升以上时,仅需要在移栽当日或翌日每公顷施肥折合纯氮 90 千克左右即可;在 2 毫克/升以下时,一般需在移栽后 10 天内分 2 次追肥,每次每公顷施肥折合纯氮 80 千克左右,并在抽穗后根据生长情况喷施叶面肥。

7. 病虫害防治

水上种稻病虫害发生相对比水田水稻轻,如有发生,其防治和用药量、方法与水田基本相同。

8. 收获

水上种稻收获时可以直接利用作业船在固定点上收获,也可以将浮床拖到岸边,在浅水区或直接移到岸上收获。

第四节
水稻机械化生产技术

一、水稻生产机械化的重要意义

水稻生产主要包括土地耕整、播种育秧、栽植、施肥、灌溉、植保、收割脱粒和干燥 8 个田间作业环节。我国传统的水稻种植基本上采用人工播种育秧、插秧、收割的"三弯腰"方式,劳动强度大,用工多,劳动生产率低,在双季稻地区还带来茬口紧、季节矛盾突出等问题。根据调查资料,在南方连作稻地区,插秧用工占全部生产用工的15% ～ 25% 。使用机械插秧不仅可以减轻劳动强度,节省用工,提高劳动生产率,而且在农艺农机配套技术基本到位 5% ～10% ,甚至更多;机械化收割及干燥,能节省收获的劳动用量和减少霉变损失。

经过 20 多年的改革和发展,我国农民收入水平和生活水平不断提高。随着农业和农村经济的调整以及乡镇企业、小城镇建设的迅速发展,农民就业渠道不断拓展,劳动力向二三产业转移,劳动力价格上涨。非机械化的水稻人工生产,因劳动强度大,用工多,农时季节劳力紧张,使得水稻生产的劳动成本大大提高,生产效益明显降低,严重影响了农民种植水稻的积极性。同时,我国农业正面临着从传统农业向现代农业转变的过程,农业机械化是农业现代化的重要内容和主要标志之一。没有农业机械化,就没有农业现代化。水稻生产机械化是农业机械化的重要组成部分,也可以说是农业现代化的基础。尤其是在我国南方水稻主产区,经济发展快,农民对发展水稻生产机械化的要求更为迫切。因此,发展水稻生产机械化,减轻劳动强度,提高水稻生产的土地生产率和劳动生产率,已成为我国农业生产中最紧迫的任务之一。

二、我国水稻生产机械化的历史进程

自 1949 年至 20 世纪 90 年代,我国水稻生产机械化的发展过程,大致分为以下 4 个阶段:

1. 人、畜力农机具改良与示范阶段(1949 ～1957 年)

主要是在我国旧式农具的基础上仿制苏联与东欧国家的新式犁耙、脱粒机等。适合于水稻生产作业的主要有水田犁和打稻机。同时开始积极研究水稻插秧机械,于 1956 年研制出了我国第一台畜力洗根苗插秧机。

2. 中大型农机具自行设计与制造阶段(1958～1970年)

主要是通过在各地建立有关农机具研制的科教院所和农机制造厂,形成了我国自主设计与制造拖拉机、脱粒机、收割机、喷雾机、水泵等农机具的能力,在一定程度上提高了我国水田耕、灌、喷、收的机械化水平。

3. 耕、灌机具系列产品生产与推广阶段(1971～1980年)

主要是通过耕、灌机具从单项到系列产品的发展,使我国农机研制与生产能力显著提高,大大促进了农业机械在水稻生产上的推广应用。同时在水稻种植机械的研制上也有了较大进展,到1976年,我国水稻插秧机械保有量达10万余台,水稻机械化插秧种植面积约35万公顷,占水稻种植面积的1.1%,水稻种植机械化达到了历史最高水平。

4. 农机化稳定发展阶段(1981～1990年)

主要是在我国农村实行家庭联产承包责任制后,土地经营规模缩小,大中型机械在水稻生产上的应用面积明显下降,而小型农机的使用大幅度增加,特别是研制和生产了一大批功能上灵活实用的小型机械,促进了一家一户式的水稻生产,在经济较发达的江浙地区,农机服务水平也有了一定提高。值得一提的是,这一阶段虽然我国水稻生产的机械应用尤其是大中型机械的推广受到某种程度的制约,但在水田小型机械配套及多种经营成套设备、加工机械研制应用上却有了明显提高。

通过40多年的发展,至20世纪90年代,我国水稻生产机械化取得了长足的进步,逐步建立了农机具产品门类比较齐全、大中小型相结合,从研究、制造、推广到维修、培训都相对较完善的体系,特别是在耕作整地、灌溉、植保、脱粒等作业环节上已基本实现了机械化或半机械化。但由于我国机械工业的相对滞后等各种主客观原因,加之我国水稻生长环境的特殊性和稻田熟制的复杂性,使水稻生产机械在产品品种及性能上存在着较大的差距,机械作业性质繁重,能耗较高,水稻生产各作业环节的机械化水平很不平衡,其中劳动强度大、技术要求高的种植、收获的机械作业仍属薄弱环节。种植机械,作为机械化难题,虽在 20 世纪 60～70 年代几次形成应用高潮,但几经反复,终因设计、制造、使用寿命和经济实力等方面的原因未能在生产上大面积推广;而在收获作业上,适用于小规模的、湿脱与分离性能好、水田通过性能强的收割机机型也是少之又少。

三、水稻生产机械化和农机农艺配套的发展现状

20 世纪 90 年代以后,随着农村经济的迅速发展,农村劳动力逐渐向二三产业转移,农民对减少水稻生产的作业程序、减轻劳动强度和实现机械化作业的要求愈来愈迫切。同时,水稻生产集约化和经营规模的不断扩大,也为机械化技术的发展提供了很好的机遇。特别是近几年,水稻生产机械化受到我国各级政府的高度重视,通过增加投入,加大了对先进适用农业机械的引进和自主创新力度,加强了新型水田农机具研制开发和农艺农机配套试验示范与推广,使水稻生产机械化水平有了很大提高。据统计,1998 年同 1991 年相比:①水稻机械化栽植比例由 1.98% 提高到 3.96%,提高了 1 倍。插秧机的拥有量从 20 512 台发展到 38 859 台,增加了 89.4%;水稻机械化栽植及直播面积由 53.3 万公顷增加到 123.7 万公顷,增长了 132%。②水稻机械化收获面积由 29.5 万公顷扩大到 315.1 万公顷,增加了 10 倍多。③工厂化育秧移栽面积也达到了 42.2 万公顷。

新时期我国水稻机械化和农机农艺配套的发展,主要包括以下 3 个方面。

(一)水稻收获机械的技术进步较大,推广速度快,技术水平得到明显提高

水稻机械化收获主要有分段收获法和联合收获法两种方式。水稻割晒机由于机型简单,价格便宜,受到农民的广泛欢迎,特别是在水稻收获机械供不应求的地区和经济不发达的地区,更受农民欢迎。但是到 20 世纪 90 年代,由于水稻割晒机生产效率低,劳动强度较大,损失也比较多,已开始逐步被联合收割机取代。在我国最早发展

起来的是背负式联合收割机,一般与大中型拖拉机配套,价格低廉,经济性较好。在南方市场上还出现了一种割幅不足 1 米、与手扶拖拉机配套的袖珍型产品。后来有了我国自主研制和生产的全喂入式联合收割机,履带式行走,割幅 1.6 ~ 2 米,经济性好,性能可靠,是我国现阶段市场上的主导产品,市场潜力较大。半喂入式联合收割机,是我国收割机市场上的高端产品,开始是引进推广日本和韩国等生产的机型,现在已逐步转变为与这些企业的合作研制和生产,我国国内自主研制的工作也已开始起步。半喂入式联合收割机,由于能适应高产、高秆、高含水量及高湿烂田、倒伏田的作业,而且作业效率高,所以很受欢迎,但因价格高限制了它的推广。经过 10 多年的发展,我国已基本形成了适应不同经济水平、全喂入式和半喂入式机型并举、高低搭配、农机农艺配套较完善的收获机械化格局。据不完全统计,到 2003 年年底,水稻机械收割面积达到了 620.2 万公顷,是 1995 年的 8 倍;机械化收获比例达到 24%,比 1995 年提高了 21.6%。

(二)水稻机械种植随着经济的发展正在兴起,工厂化育秧、机插秧、机直播及机抛(摆)秧呈现出区域化、不平衡的发展形势

到 2003 年年底,我国的水稻机械化栽植面积达到了 134.7 万公顷,比 1995 年翻了一番;机械化栽植水平达到了 5.08%,比 1995 年提高了 3%。在插秧机方面,在继续推广 2ZT-935 型等国产机动插秧机的同时,主要是走引进技术、合作开发的路子,这样既能保证先进的机械水平和较高的机械质量,又可以尽量降低机械研发与生产的成本投入。引进和合作开发的机型主要有洋马 RR6 型和久保田 SPU-68 型高速乘坐式插秧机、东洋 PF455S 型手扶式插秧机等。在直播机方面,用于水直播的主要有沪嘉 J-2BD-10 型直播机和昆山 2BD-6D 型带式精量直播机,用于旱直播的主要是稻麦两用的 2BG-6A 型旋耕条播机等。按种植制度把我国水稻产区分成 3 个类型区:第一类为北方单季稻区,第二类为南方稻麦两熟单季稻区,第三类为南方双季稻区。目前,第一、第二类型区水稻生产机械化的基本条件较好,种植机械化水平明显优于第三类型区。如东北三省特别是黑龙江省,水稻机械种植面积迅速扩大,机插秧面积从 1995 年的 15.6 万公顷发展到 1998 年的 51.4 万公顷,提高了 229.5%。经济较发达的江苏省,2003 年机插秧面积达到 5.87 万公顷,是 2002 年的 2.3 倍,同时机直播和机抛秧面积分别达到 7.93 万公顷和 3.87 万公顷,全省水稻机械化种植面积已达 17.67 万公顷,机械化种植水平达到近 10%。但是,综观全国的发展现状,种植机械的总体水平较低,仍然是水稻机械化的薄弱环节。特别是南方双季稻区,不仅自然条件表现为田块小、泥脚深而烂、雨水多、田里长年积水,不利于种植机械田间操作,而且水稻的茬口紧、双季晚稻秧龄长、秧苗过高过粗,移栽时已分蘖等季节局限性和生育特征,也决定了很难找到实用性能好、效果好的移栽或直播机械。

(三)水田耕整地机械和水稻灌溉、植保机械不断完善,施肥机械化开始起步

水田耕整地机械和灌溉、植保等田间管理机械,主要是在过去已形成的机械化、半机械化格局的基础上,建立和逐渐完善了以不同类型、不同功率的拖拉机为动力机,配以各种相应的操作机,以其进行土壤耕翻、碎土、灭茬(包括秸秆还田)、平整、开沟、中耕、灌溉、喷药等作业的配套机械化系统,并呈现出机械大型化、功能综合化、作业复式化和一机多能、一机多用的发展趋势。另外,近年来在发展水稻生产机械化过程中,机械施肥技术开始受到越来越多的重视。

水稻机械施肥的 3 种方式

☞ 结合水田耕整地机械作业,在耕整机具上装设肥料箱及其相应的排肥装置,在耕整地的同时,将装在肥料箱中的混配基肥施于前道犁沟内,随即翻垡深埋入土,整地作业后将肥料均匀混合于土壤中,达到深施肥目的。实行这种水田耕整施肥前要严格控制田间水量(水深 1~2 厘米),使之既不影响耕整作业,又保证深施肥质量,施肥深度一般能达到 6~10 厘米,能做到排肥均匀连续,深浅一致。

☞ 结合水田直播和插秧机械作业,在播种机或插秧机上配套排肥装置,在机械播种或插秧的同时,将肥料按事先制定的用量均匀地施于侧边距播种行或插秧行3~4厘米、深3~5厘米的土层中。这种机械侧条深施肥方式对播种(或插秧)与施肥两种作业的机械协调性和农机农艺配套的要求更高。

☞ 在水稻生育期中的机械追肥。其操作难度较大,目前只能采用人力器械将颗粒状肥料点施或穴施于植株根部。水稻机械施肥,在提高田间作业效率的同时,更重要和更有意义的是能够显著提高肥料利用率和利用效率,减少稻田排水对环境的面源污染。

四、水稻机械化生产技术介绍

(一)水田机械化耕作整地技术

耕作整地,是水稻生产田间作业的第一道环节。目前我国水稻生产的机耕比例已达到了80%以上。在我国北方单季稻区和稻麦两熟区,水田耕整地主要是采用旱耕水整,即用与大中型拖拉机配套的铧式犁或驱动圆盘犁完成耕翻作业,耕翻的水田泡水后,再用手扶拖拉机配带水耙轮或用驱动耙完成碎土、耙浆、整平作业。南方稻区水田耕整地主要采用水耕水整,即用大中型拖拉机配套耕整机或旋耕机完成耕翻或旋耕作业,再配以水田耙完成耙浆、整平作业。我国目前应用的水田耕整机械,与传统耕作机具相比,具有配套农机具齐全、作业质量较好、作业效率较高、成本低及适应性广等优点。另外,在我国某些稻区还有一定面积的水稻旱直播和旱种,采用的是与旱地耕整类似的旱耕旱整,即用拖拉机与铧式犁或驱动圆盘犁配套进行耕翻作业,然后用缺口耙、圆盘耙、镇压器、平地机等完成碎土、整平作业。

（二）盘秧苗技术

培育适于机插的适龄壮秧是机插水稻高产稳产的首要条件，精心育苗是确保机插秧成功的关键。

> **机插秧苗两个基本条件**
>
> ☞ 秧块标准，秧苗分布均匀，根系盘结，适合机械栽插。
> ☞ 秧苗个体健壮，无病虫害，能满足高产要求。

机械插秧所使用的秧苗是以营养土为载体的标准化秧苗，秧苗育成后根系盘结，形成毯状秧块。秧块的标准尺寸为长 58 厘米，宽 28 厘米，厚 2 厘米。其中宽度与厚度最关键，若宽度大于 28 厘米，秧块会卡滞在秧箱上使送秧受阻，引起漏插，不足 28 厘米同样会导致漏插；秧块的厚度过厚或过薄，都会导致植伤加重，影响栽插质量。在软盘育秧过程中，可以通过标准化的硬盘或软盘来保证秧块的标准尺寸。双膜育秧则在栽插起秧时，通过切块来保证标准尺寸。

机插秧苗采用中小苗带土移栽，以秧苗的形态指标和生理指标两方面来衡量秧苗素质的好坏。壮秧的主要形态指标是：秧龄 15 ~ 20 天，株高 12 ~ 17 厘米、叶片数 3.5 ~ 4.0 片，苗基部茎宽 ≥2 毫米，适龄移栽。秧苗形态特征：茎基粗扁，叶挺色绿、根多色白，植株矮壮、无病株和虫害。其中茎基粗扁是评价壮秧的重要指标，俗称"扁蒲秧"。适合机械化插秧的秧苗，除了个体健壮外，还要求秧苗群体质量均衡，常规稻育秧要求每平方厘米成苗 1.5 ~ 3 株，杂交稻成苗 1 ~ 1.5 株，秧苗根系发达，单株白根量多，根系盘结牢固，盘根带土厚度 2.0 ~ 2.5 厘米，厚薄一致，提起不散，形如毯状，亦称毯状秧苗。

1. 育秧准备

（1）床土准备

1）床土选择　选用土壤肥沃、无污染无杂质的壤土。适宜做床的土一是菜园土；二是熟化的旱田土（不宜在荒草地及当季喷施过除草剂的麦田取土);三是秋耕、冬翻、春耖的稻田土。

2)床土用量　每公顷大田一般需备合格细土 1 875 千克,其中营养细土 1 500 千克做床土,未培肥过筛细土 375 千克做盖子土。

3)床土培肥　肥沃疏松的菜园土壤,过筛后可直接用作床土。其他适宜土壤提倡在冬季完成取土,取土前一般要对取土地块进行施肥,每亩匀施腐熟人畜粪 2 000 千克(禁用草木灰)以及 25% 氮磷钾复合肥 60～70 千克,或过磷酸钙 40 千克、氯化钾 5 千克等无机肥。提倡使用适合当地土壤性状的壮秧剂代替无机肥,在床土加工过筛时每 100 千克细土匀拌 0.5～0.8 千克旱秧壮秧剂。取土地块 pH 值偏高的可酌情增施过磷酸钙以降低 pH 值(适宜 pH 值为 5.5～7.0)。施后连续机旋耕 2～3 遍,取表土堆制并覆农膜至床土熟化。

4)床土加工　选择晴好天气及土堆水分为 10%～15%,细土手捏成团,落地即散时,进行过筛,要求细土粒径不得大于 5 毫米,其中 2～4 毫米粒径的土粒达 60% 以上。过筛后继续堆制并用农膜覆盖,集中堆闷,促使肥土充分熟化。在倒春寒多发地区,为防止发生立枯病等苗期病害,每平方米床土施用 65% 敌克松可湿性粉剂 50～60 克加水 1 000 倍进行消毒。

冬前未能提前培肥的,宁可不培肥而直接使用过筛细土,在秧苗断奶期追肥同样能培育壮秧。确实需要培肥的,至少于播种前 30 天进行。配肥时要充分拌匀,确保土肥充分交融,拌肥过筛后一定要盖膜堆闷促进腐熟。禁止未腐熟的厩肥以及淤泥、尿素、碳酸氢铵等直接拌作底肥,以防肥害烧苗;禁止用培肥营养土做盖子土。

采用田间淤泥育秧方法的,可在每公顷秧苗田的秧沟中匀施含氮、磷、钾为 45% 的复合肥 60 千克,淘匀后去除沟泥中的杂质,均匀浇于盘中。

(2)秧田准备　选择地势平坦,向阳背风,排灌方便,邻近大田的熟地作秧田。秧田、大田比例宜为 1∶(80～100),一般每公顷大田需秧池田 105～150 平方米。播前 10 天精做秧床,秧床宽 140 厘米,秧畦间开挖宽 25 厘米、深 20 厘米的排水沟兼操作道。秧田四周沟深 40 厘米,四周围埂要平实,秧田埂面一般高出秧床 15～20 厘米,并开好溢水缺口。为使秧板面平整,可先上水进行平整,秧板做好后排水晾板,使板面沉实,播种前两天铲高补低,填平裂缝,充分拍实,使板面达到"实、平、光、直"。实,秧板沉实不陷脚;平,板面平整无高低;光,板面无残茬杂物;直,秧板整齐沟边垂直。

(3)秧盘或有孔地膜准备 进行软盘育秧时,每公顷大田准备370张左右软盘,采用机械育秧流水线须备足硬盘,用于脱盘周转。采用双膜育秧,每公顷大田应备足幅宽1.5米的地膜60.0米。育秧前需要事先对地膜进行打孔,即将地膜整齐地卷在长、宽、厚分别为15厘米、15厘米和5厘米的木板上,然后画线冲孔。孔距一般为2厘米×2厘米或2厘米×3厘米,孔径0.2~0.3厘米。孔径不宜过大,否则会造成大量秧根穿孔下扎,增加起秧难度。

(4)其他材料准备

1)覆膜 每亩机插大田须准备2米宽覆盖用农膜4米。早稻育秧以及春季气温较低,特别是倒春寒多发地区,应采用拱棚增温育秧,为此须备足竹片等拱棚用料。

2)稻草 每米秧板,须准备无病稻麦秸秆约1.2千克或相应面积的无纺布、芦苇秆或细竹竿7~8m,用于覆膜后盖草遮阳、保温、防灼。

3)木条、切刀 双膜育秧过程中,为了保证床土的标准厚度,须备长约20厘米、宽2~3厘米、厚2厘米的木条4根。切刀1~2把,用于栽前切块起秧。

(5)种子准备

1)确定种子用量 机插育秧的播种量相对较高,一般杂交稻每盘芽谷的播量为80~100克,常规稻的芽谷播量为120~150克,折合每公顷大田30~55千克。

2)确定播期 机插育秧与常规育秧有明显的区别。一是播种密度高,二是秧苗根系集中在厚度仅为2~2.5厘米的薄土层中交织生长,因而秧龄弹性小,必须根据茬口安排,按照20天左右的秧龄推算播期,宁可田等秧,不可秧等田。机插面积大的,要根据插秧机工作效率和机手技术水平和操作熟练程度,安排好插秧进度,合理分批浸种,顺次播种,确保秧苗适龄移栽。

3）精选种子　尽可能选用达标的商品种子,普通种子在浸种前要做好晒种、脱芒、选种和发芽试验等工作,其发芽率要求在90%以上,发芽势在85%以上。

4）药剂浸种　浸种时选用使百克或施保克1支(2毫升)加吡虫啉10克,加水6～7千克可浸种5千克。浸种时间长短随气温而定,一般粳稻需浸足3天左右,籼稻6天左右。稻种吸足水分的标准是谷壳透明,米粒腹白可见,米粒容易折断而无响声。

5）催芽　催芽要求"快、齐、匀、壮"。"快"是指两天内催好芽;"齐"是指要求发芽势达85%以上;"匀"是指芽长整齐一致;"壮"是指幼芽粗壮,根长、芽长比例适当,颜色鲜白,气味清香,无酒味。

2. 播种育秧

(1)软盘育秧技术

1）顺次铺盘　秧板上平铺软盘。为充分利用秧板和便于起秧,每块秧板横排两行,依次平铺,紧密整齐,盘与盘的飞边要重叠排放,盘底与板面紧密贴合。

2）匀铺床土　铺撒准备好的床土,土层厚度为2～2.5厘米,厚薄均匀,土面平整。

3）补水保墒　播种前1天,灌平沟水,待床土充分吸湿后迅速排水,亦可在播种前直接用喷壶洒水,要求播种时土壤含水率达85%～90%。可结合播种前浇底水,用65%敌克松与水配制成1:(1 000～1 500)的药液,对床土进行喷浇消毒。

4）精量播种　播种时按盘称种。一般常规稻每盘均匀播破胸露白芽谷120～150克,杂交稻播80～100克。为确保播种均匀,可以4～6盘为一组进行播种,播种时要做到分次细播,力求均匀。

5）匀撒覆土　播种后均匀撒盖覆土,覆土厚度为0.3～0.5厘米,以盖没芽谷为宜,不能过厚。注意使用未经培肥的过筛细土,不能用拌有壮秧剂的营养土。盖子土撒好后不可再洒水,以防止表土板结影响出苗。

6）封膜保墒　覆土后,灌平沟水,弥补秧板水分不足,湿润秧板后迅速排放,并沿秧板四周整好盘边,保证秧块尺寸。芽谷播后须经

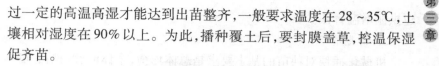
过一定的高温高湿才能达到出苗整齐,一般要求温度在 28～35℃,土壤相对湿度在 90% 以上。为此,播种覆土后,要封膜盖草,控温保湿促齐苗。

封膜前在板面每隔 50～60 厘米铺一薄层麦秸草,以防农膜粘贴床土导致闷种。盖好农膜,须将四周封严封实,农膜上铺盖一层稻草,厚度以看不见农膜为宜,预防晴天中午高温灼伤幼芽。对气温较低的早春育秧或倒春寒多发地区,要在封膜的基础上搭建拱棚增温育秧。拱棚高约 0.45 米,拱架间距 0.5 米,覆膜后四周要封严压实。

(2)双膜育秧技术 双膜育秧是指在秧板上平铺地膜,再铺放 2～2.5 厘米厚的床土,播种覆土后加盖封膜保温保湿促齐苗的育秧方式。在前期各项准备工作落实到位的前提下,即可进行按期播种、育秧。

1)铺膜 在秧板上平铺,打孔地膜。

2)木条定格 沿板面两边(秧板沟边)分别固定事先备好的木条(宽 2～3 厘米,厚 2 厘米,长 200 厘米左右),不宜过长。

3)膜上铺底土 在地膜上铺土后并用木尺沿两侧木条刮平,使铺土厚度与秧板两边固定的木条厚度一致(2 厘米),切忌厚薄不均。

4)补足底土水分 在播种前 1 天铺好底土后,灌平板水,使底土充分吸湿后迅速排放。也可直接用喷壶喷洒在已铺好的底土上,使底土水分达饱和状态后立即播种盖土,以防跑湿。

5)精量播种 粳稻一般每平方米播芽谷 750～950 克,籼稻一般 500～700 克。播种时要按畦称种,分次细播、匀播,力求播种均匀。

6)匀撒盖子土 覆土量以盖没种子为宜,厚度为 0.3～0.5 厘米。注意使用未经培肥的过筛细土,不能用拌有壮秧剂的营养土。盖子土撒好后不可再洒水,以防止表土板结影响出苗。

7)封膜盖草 覆土后,沿秧板每隔 50 厘米放一根细芦苇或铺一薄层麦秸草,以防农膜与床土粘贴导致闷种。盖膜后须将四周封严封实。膜面上均匀加盖稻草,盖草厚度以基本看不见盖膜为宜。秧田四周开好放水缺口,避免出苗期降雨秧田积水,造成烂芽。膜内温度控制在 28～35℃。对气温较低的早春茬或倒春寒多发地区,应搭建拱棚增温育秧。

3. 苗期管理

机械化插秧对秧苗的基本要求是总体均衡,个体健壮,秧苗期管理的技术性和规范性较强。

(1)高温高湿促齐苗 经催芽的稻种,播后需经一段高温高湿立苗期,才能保证出苗整齐,因此应根据育秧方式和茬口的不同,采取相应的增温保湿措施,确保安全齐苗。同时,秧田要开好平水缺口,避免降雨淹没秧床,造成闷种烂芽。

1)封膜盖草立苗 适于气温较高时的麦茬稻育秧。

立苗期注意事项

☞ 把握盖草厚度,薄厚均匀,避免晴天中午高温烧苗。

☞ 雨后及时清除盖膜上的积水,以免造成膜面积水,加之覆盖的稻草淋湿加重,局部受压"贴膏药",造成闷种烂芽,影响全苗。

2)拱棚立苗 适于早春气温较低和倒春寒多发地区使用。此法立苗在幼芽顶出土面后,晴天中午棚内地表温度要控制在35℃以下,以防高温灼伤幼苗。播种到出苗期一般为棚膜密封阶段,以保温保湿为主,只有当膜内温度超过35℃时才可于中午揭开苗床两头通风降温,随后及时封盖。此间若床土发白、秧苗卷叶时应灌"跑马水"保湿。

(2)及时炼苗

1)揭膜炼苗 盖膜时间不宜过长,揭膜时间应以当时气温而定,一般在秧苗出土2厘米左右、不完全叶至第一叶抽出时(播后3～5天)揭膜炼苗。若覆盖时间过长,遭烈日暴晒容易灼伤幼苗。

揭膜原则

晴天傍晚揭，阴天上午揭，小雨雨前揭，大雨雨后揭。若遇寒流低温，宜推迟揭膜，并做到日揭夜盖。

2）拱棚秧的炼苗　秧苗现青后，视气温情况确定拆棚时间。当最低气温稳定在15℃以上时方可拆棚，否则可采用日揭夜盖法进行管理，并保持盘土或床土湿润。

（3）科学管水

1）湿润管理　即采取间歇灌溉的方式，做到以湿为主，达到以水调气，以水调肥，以水调温，以水护苗的目的。

湿润管理操作要点

☞ 揭膜时灌平沟水，自然落干后再上水，如此反复。

☞ 晴天中午若秧苗出现卷叶要灌薄水护苗，雨天放干秧沟水。

☞ 早春苫秧遇到较强冷空气侵袭，要灌拦腰水护苗，回暖后待气温稳定再换水保苗，防止低温伤根和温差变化过大而造成烂秧和死苗。

☞ 气温正常后及时排水透气，提高秧苗根系活力。

☞ 移栽前3~5天控水炼苗。

2）控水管理　与常规肥床旱育秧管水技术基本相似，即揭膜时灌一次足水（平沟水），浇透床土后排放（也可采用喷洒补水）。同时清理秧沟，保持水系畅通，确保雨天秧田无积水，防止旱秧淹水，失去旱育优势。此后若秧苗中午出现卷叶，可在傍晚或翌日清晨人工喷洒水一次，使土壤湿润即可。不卷叶不补水。补水的水质要清洁，否则易造成死苗。

（4）用好"断奶肥" 断奶肥的施用要根据床土肥力、秧龄和气温等具体情况因地制宜地进行，一般在1叶1心期（播后7~8天）施用。每亩秧池田用腐熟的粪清液500千克加水1 000千克或用尿素5千克（约合每盘用尿素2克）加水500千克，于傍晚秧苗叶片吐水时浇施。床土肥沃的也可不施，麦茬田为防止秧苗过高，施肥量可适当减少。

（5）防病治虫 秧田期病虫害主要有稻蓟马、灰飞虱、立枯病、螟虫等。秧田期应密切注意病虫发生情况，及时对症用药防治。近年来水稻条纹叶枯病发生逐年加重，务必要做好灰飞虱的防治工作。另外，早春茬育秧期间气温低，温差大，易遭受立枯病的侵袭，揭膜后结合秧床补水，每亩秧池田用65%敌克松对1 000~1 500倍液600~750千克洒施预防。

（6）辅助措施 在提高播种质量，抓好秧田前中期肥水管理的同时，2叶期根据天气和秧苗长势可配合施用助壮剂。若育秧期气温较高，雨水偏多，秧苗生长较快，特别是不能适期移栽的秧苗，每亩秧池田用15%多效唑可湿性粉剂50克，按1∶2 000倍液加水喷雾（切忌用量过大，喷雾不匀，如果床土培肥时使用过早秧壮秧剂的不必使用），以延缓植株生长速度，同时促进横向生长，增加秧苗的干物质含量，达到助壮穗苗的效果。

（7）苗期倒春寒的应对措施 南北过渡带内早春育秧，倒春寒天气时有发生，机插育秧一般采用控水育秧，该育秧方式本身比常规育秧方式更耐春寒。但遭遇降温寒流，也必须采取相应措施，以确保培育合格健壮秧苗。

1）深水护苗 以水调温，以水调气。遇低温寒潮，灌深水至秧叉处护苗，注意不要淹没秧心。寒潮过后若天气突然放晴，切勿立即退水晒田，以免造成青枯烂秧死苗。倒春寒的主要危险就在于天气突然放晴气温骤然回升，造成秧苗生理脱水，深水层可以缓解苗床温度剧烈变化。

2）施药预防 低温来临前或寒潮过后，每亩秧田可用1 000~1 500克敌克松对成1 000倍液及时泼浇，防止烂秧死苗。长时间阴雨低温过后应及时喷施壮秧宝防治立枯病发生。

3）拱棚防冻 如遇降温幅度大、时间长,有条件的可结合前两条措施,搭建拱棚保温防冻。

4）忌过早追肥 低温过后,秧苗抗逆能力较差,若过早施用化肥,对微弱的秧苗来说等于雪上加霜,加速了烂秧死苗。因此,应在低温过后 3~4 天再开始追肥。

4. 栽前准备

（1）看苗施好送嫁肥 要使移栽时秧苗具有较强的发根能力,又具有较强的抗植伤能力,栽前务必要看苗施好送嫁肥,促使苗色青绿,叶片挺健清秀。具体施肥时间应根据机插进度分批使用,一般在移栽前 3~4 天进行;用肥量及施用方法应视苗色而定,叶色褪淡的脱力苗,亩用尿素 4~4.5 千克对水 500 千克于傍晚均匀喷洒或泼浇,施后并洒一次清水以防肥害烧苗;叶色正常、叶挺拔而不下披的苗,亩用尿素 1~1.5 千克对水 100~150 千克进行根外喷施;叶色浓绿且叶片下披的苗,切勿施肥,应采取控水措施来提高苗质。

（2）适时控水炼苗 栽前通过控水炼苗,减少秧苗体内自由水含量、提高碳素水平、增强秧苗抗逆能力,是培育壮秧健苗的一个重要手段,控水时间应根据移栽前的天气情况而定。春茬秧由于早播早插,栽前气温、光照强度、秧苗蒸腾量与麦茬秧比均相对较低,一般在移栽前 5 天控水炼苗。麦茬秧栽前气温较高,蒸腾量较大,控水时间宜在栽前 3 天进行。

控水方法

☞ 晴天保持半沟水,若中午秧苗卷叶时可采取洒水补湿。

☞ 阴雨天气应排干秧沟积水,特别是在起秧栽插前,雨前要盖膜遮雨,防止床土含水率过高而影响起秧和栽插。

（3）坚持带药移栽　机插秧苗由于苗小，个体较嫩，易遭受螟虫、稻蓟马及栽后稻象甲的危害，栽前要进行一次药剂防治工作。在栽前1～2天亩用2.5%快杀灵乳油30～35毫升对水40～60千克进行喷雾。在稻条纹叶枯病发生区，防治时应亩加10%吡虫啉乳油15毫升，控制灰飞虱的带毒传播危害，做到带药移栽，一药兼治。

（4）正确起运移栽　机插秧起运移栽应根据不同的育秧方法采取相应措施，减少秧块搬动次数，保证秧块尺寸，防止枯萎，做到随起、随运、随栽。遇烈日高温，运放过程中要有遮阳设施。

> **起运移栽的具体要求**
>
> 　　有条件的地方可随软（硬）盘平放运往田头，亦可起盘后小心卷起盘内秧块，叠放于运秧车，堆放层数一般2～3层为宜，切勿过多而加大底层压力，避免秧块变形和折断秧苗，运至田头应随即卸下平放，让其秧苗自然舒展，利于机插。

（三）大田整地

水稻大田栽前耕整，是水稻高产栽培技术中的一项重要内容，一般包括耕翻、灭茬、晒垡、施肥、碎土、耙地、平整等作业环节。机插秧采用中小苗移栽，对大田耕整质量和基肥施用等要求相对较高。耕整质量的好坏，不仅直接关系到插秧机的作业质量，而且关系到机插秧苗能否早生快发。因此，机插秧大田精细耕整十分重要。

1. 机插大田耕整质量要求

旋耕深度10～15厘米，犁耕深度12～15厘米，不重不漏；田块平整无残茬，高低差不超过3厘米，表土硬软度适中，泥脚深度小于30厘米；泥浆沉实达到泥水分清，泥浆深度5～8厘米，水深1～3厘米。在3厘米的水层条件下，高不露墩，低不淹苗，以利于秧苗返青活棵，生长整齐。否则高处缺水使幼苗干枯，低洼处水深使幼苗受淹。一般要求耕整后大田表层稍有泥浆，下部土块细碎，表土硬软度适中。整地次数过多，土层过于黏糊，不利于沉实，机器前进过程中仍然有壅泥情况等出现,以致影响栽插质量。田间无杂草、稻茬、杂物,否则机器在前进过程中,残茬杂物会将已插秧苗刮倒。

2. 适施基肥

提倡测土配方施肥,一般有机肥占总施肥量的30%以上,氮:磷:钾($N:P_2O_5:K_2O$)一般为1:0.5:1。移栽前5~10天每亩施粪肥1000~1500千克或25%复合肥50~80千克用以培肥地力;中等肥力大田,每亩施35%水稻专用肥30千克或25%复合肥40千克或BB肥20千克作底肥;先施肥再耕翻,以达到全层施肥,土肥交融。

3. 茬口地耕整

前茬作物收获时必须进行秸秆粉碎,并均匀抛撒。如果前茬为麦子,则机收时应进行秸秆粉碎,留茬高度应小于15厘米;若机收时未进行秸秆粉碎,则应增加一次秸秆粉碎作业或将秸秆移出大田。

(1)旱整 在适宜的土壤湿度和含水率情况下,可采用正(反)旋、浅耕、耙茬三种方法灭茬,其中反旋灭茬方法较好。尽量避免深度耕翻。作业时要控制深度在15厘米以内,耕深稳定,残茬覆盖率高,无漏耕等现象。地块不平的要增加一次交叉旱平,做到田内无暗沟、坑洼,大田高低差和平整度达标。对大面积田块平整,可考虑采用激光平地技术进行旱整。如暂时没有条件使用激光整地技术的,对高低落差大的田块,要划格作业,大田隔小,以取得相对范围内的旱整地质量达标。

(2)水整 浅水灌入,浸泡24小时后进行水整拉平。条件适宜时,可在旱整后晾土至适度,再上水浸泡,这样不易形成僵土。水整可采用水田埋茬起浆机、水田驱动耙等设备。在水整中应注意控制好适宜的灌水量,既要防止带烂作业,又要防止缺水僵板作业。由于水整前旋耕灭茬等作业的深度浅于原耕作层,加之起浆平地,作业条件复杂,要防止泥脚深度不一和埋茬再被带出地表。水整后大田地表应平整,无残茬、秸秆和杂草等,埋茬深度应在4厘米以上,泥浆深度达到5~8厘米,田块高低差不超过3厘米。水整后的机插大田必须适度沉实,沙质土沉实1天,沙壤土沉实2~3天,黏质土沉实4天后机插,田表水层以呈现所谓"花花水"为宜。要严防深水烂泥,造成机插时壅水壅泥等现象。

(3)白茬地耕整 豫南稻区未耕冬闲田多,地表残茬较少,可以采取浅耕或旋耕旱整后,进入水整。对地表无残茬、冬耕整质量较好、地面平整的田地,也可直接进入水整。

4. 土壤封闭除草

对杂草发生密度较高的田块,可结合泥浆沉淀,在耙地后选用适宜除草剂拌湿润细土均匀撒施,并保持6~10厘米水层3~4天进行封杀灭草。

(四)机插秧作业方法

1. 插秧基本苗的确定

每亩大田的基本苗由秧苗的行距、株距和每穴株数决定。插秧机的行距为30厘米固定不变,株距有多挡或无极调整,对应的每亩栽插密度为1万~2万穴。正确计算并调节每亩栽插穴数和每穴株数就可以保证大田适宜的基本苗数。在实际生产作业中,一般是事先确定株行距,再通过调节秧爪的取秧量即每穴的株数,即可满足农艺对基本苗的要求。

插秧机是通过调节纵向取秧量及横向送秧量来调节秧爪取秧面积,从而改变每穴株数。一般情况下先固定横向取秧的挡位后,用手柄改变纵向取秧量。根据这一原理,就可以针对秧苗密度调整取秧量,以保证每穴合理的苗数。在实际作业中,要按照农艺要求,以每亩基本苗数和株距来倒推每穴株数。特别是要根据秧苗的密度,调节确定适宜的穴距与取秧量,以保证每亩大田适宜的基本苗。

每亩穴数应根据所用品种和栽培要求而定。杂交籼稻,每亩穴数以1.4万~1.6万穴为宜,平均每穴以1~1.5株苗为宜,每亩基本苗4万左右;粳稻品种,每亩穴数以1.8万~2.2万穴为宜,平均每穴以3~4株苗为宜,每亩基本苗以8万株左右为宜。

插秧株距的调整方法

　　步行插秧机的插秧株距调整手柄位于插秧机齿轮箱右侧，推拉手柄有三个位置，标有"90、80、70"字样。"70"位置，密度最稀，株距为14.6厘米，密度为1.4万穴/亩；"80"位置，株距为13.1厘米，密度为1.6万穴/亩；"90"位置，株距为11.7厘米，密度为1.8万穴/亩。

2. 插秧作业前应确认的事项

　　弄清稻田形状，确定插秧方向。最初四行是插下一行的基准，应特别注意操作，确保插秧直线性。

插秧作业开始前，需检查的事项

☞ 变速杆是否拨到"插秧"速度挡位上。

☞ 株距手柄是否挂上挡。

☞ 液压操作手柄是否拨到"下降"位置上。

☞ 插秧离合手柄是否拨到"连接"位置上。摆动要插秧一侧的划印器，使划印器伸开。

☞ 主离合器手柄拨到"连接"位置上，将油门手柄慢慢地向内侧摆动，插秧机边插秧边前进。

　　安全离合器是防止插植臂过载的保护装置。若插植臂停止并发出"咔"、"咔"声音，说明安全离合器在动作。这时应采取如下措施：迅速切断主离合器手柄；然后熄灭发动机；检查取苗口与秧针间、插植臂与浮板间是否夹着石子，如有要及时清除；若秧针变形，应检查或更换。通过拉动反冲式启动器，确认秧针是否旋转自如，清除苗箱横向移动处未插下的秧苗后再启动。

111

3. 补给秧苗

补给秧苗时,秧苗超出苗箱的情况下拉出苗箱延伸板,防止秧苗往后弯曲的现象出现。取苗时,把苗盘一侧苗提起,同时插入取苗板。在秧箱上没有秧苗时,务必将苗箱移到左或者右侧,再补给秧苗。秧苗不到秧苗补给位置线之前,就应给予补给。若在超过补给位置时补给,会减少穴株数。补给秧苗时,注意剩余苗与补给苗面对齐。

4. 使用划印器

检查插秧离合器手柄和液压操作手柄是否分别在"连接"和"下降"位置上。摆动下次插秧一侧的划印器杆,使划印器伸开,在表土上边划印边插秧。划印器所划出的线是下次插秧一侧的机体中心,转行插秧时中间标杆对准划印器划出的线。

5. 使用侧对行器

为保持均匀的行距而使用侧对行器。插秧时把侧浮板前上方的侧对行器对准已插好秧的秧苗行,并调整好行距。

6. 转向换行

当插秧机在田块中每次直行一行插秧作业结束后,按以下要领转向换行:将插秧离合器拨到"断开"位置,降低发动机转速,将液压操作手柄拨到"上升"位置使机体提升。将手柄往上稍稍抬起,在这种状态下旋转一侧离合器同时扭动机体,注意使浮板不压表土而轻轻旋转。旋转不要忘记及时折回、伸开划印器。

7. 插秧深度

插秧深度调节通常是用插秧深度调节手柄来调整,共有四个挡位,其中(1)为最浅位置,(4)为最深位置。当这四个挡位还不能达到插深要求时,在下面三块浮板上,还设有六孔的浮板安装架,通过插销的连接来改变插深,需要注意三块板上的插销插孔要一致。插秧深度是指小秧块的上表面到田表面的距离,如果小秧块的上表面高于土面,插秧深度表示为"O",标准的插秧深度为0.5~1厘米。插秧深度以所插秧苗在不倒不浮的前提下越浅越好。

(五)机插水稻大田管理

机插秧苗与人工手栽秧苗有很大区别:秧龄短,苗小苗弱,生育期推迟,大田可塑性强。因此在大田管理上,要根据机插水稻的生长发育规律,采取相应的肥水管理技术措施,争取足穗、大穗,实现机插水稻的高产稳产。

1. 返青分蘖期的管理

返青分蘖期即从移栽到分蘖高峰前后的一段时间。这个时期的秧苗主要是长根、长叶和分蘖。栽培目标是创造有利于早返青、早分蘖的环境条件,培育足够的壮株大蘖,为争取足穗、大穗奠定基础。

(1)机插后的水浆管理　薄水移栽,水层宜为0.5~1.5厘米,栽后及时灌浅水护苗活棵,栽后2~7天间歇灌溉,适当晾田,扎根立苗。切忌长时间深水,造成根系、秧心缺氧,形成水僵苗甚至烂秧。活棵后应浅水勤灌,水层以3厘米为宜,待自然落干后再上水。如此反复,促使分蘖早生快发,植株健壮,根系发达。

(2)施用分蘖肥及除草管理　分蘖期是增加穗数的主要时期。在施好基肥的基础上分次施用分蘖肥,有利于攻大穗、争足穗。如果大田肥力水平高,则适当减少用肥数量,以免造成高峰苗数过多,而成穗率低、穗型变小。

一般在栽插后7~8天,施一次返青分蘖肥,亩大田施用尿素5~7千克并结合使用小苗除草剂进行化除。但对栽前已进行药剂封杀除草处理的田块,不可再用除草剂,以防连续使用而产生药害;栽后10~15天施尿素7~9千克,以满足机插水稻早分蘖的需要;栽后16~18天视苗情再施一次平衡肥,一般每亩施尿素3~4千克或45%氮磷钾复合肥9~12千克。分蘖期应以氮肥为主,具体用量应按地力和基肥水平而定,一般掌握在有效分蘖叶龄期以后能及时褪色为宜。

2. 拔节长穗期的管理

拔节长穗期是指从分蘖高峰前后开始拔节至抽穗前这段时间。这是壮秆大穗的关键时期。

(1)多次断水轻搁田　机插秧够苗期的苗体小,初生分蘖比例大,对土壤水分敏感,应在有效分蘖临界叶龄期及时露田,遵循"苗到不等时,时到不等苗"的原则,强调轻搁、勤搁,高峰苗数控制在成穗数的 1.3～1.5 倍。每次断水应尽量使土壤不起裂缝,切忌一次重搁,造成有效分蘖死亡。断水的次数,因品种而定,3～4 次,一直要延续到倒 3 叶前后。

(2)灵活施用穗肥 穗肥一般分促花肥和保花肥两次施用。促花肥在穗分化始期,即叶龄余数 3.2～3.0 叶左右施用。保花肥在出穗前 18～20 天,即叶龄余数 1.5～1.2 叶时施用。具体施用时间和用量要视苗情而定。穗肥的比例不宜过大,氮肥施用量占总施肥量的 15% 左右为宜。对叶色浅、群体生长量小的可多施,但不宜超过每亩 10 千克;相反,则少施或不施。

(3)开花结实期的管理 开花结实期是决定饱粒数的关键时期。这一时期的技术关键和目标是养根保叶,防止早衰,促进子粒灌浆,达到以根养叶、以叶饱粒的目的。在水浆管理上,由出穗至其后的 20～25 天,稻株需水量较大,应以保持浅水层为主。即灌一次水后,自然耗干至脚印塘尚有水时再补上浅水层。在出穗 25 天以后,根系逐渐衰老,稻株对土壤还原性的适应能力减弱,此时宜采用间歇灌溉法。即灌一次浅水后,自然落干 2～4 天再上水,且落干期应逐渐加长,灌水量逐渐减少。籼稻后期需水量较大,断水不宜过早,收获前 7 天左右断水。

第四章

水稻干旱的危害与防救策略

本章导读： 干旱是水稻生产的主要自然灾害，不同水稻品种对干旱的抵抗能力存在差异。本章介绍了干旱对水稻生长发育及生理指标的影响、各生育阶段的干旱危害与防救策略、水稻抗旱减灾关键技术措施。

干旱是人类所面临的最严重的自然灾害之一,世界上因干旱而造成的农业减产超过其他因素所造成减产的总和。21世纪我国农业发展的主要制约因素是水资源不足及其分布不均。根据统计表明,我国水资源总量年平均为 3.5×10^4 亿立方米,其中地表水（$2.6 \sim 2.8$）$\times 10^4$ 亿立方米,地下水约为 8×10^3 亿立方米,居世界第六位。而我国人均占有量仅为 2 400 立方米,是世界人均占有量的 1/4,排世界 109 位。我国被列为世界上 13 个贫水国家之一,年缺水量达 300 亿立方米。

水稻是农业用水的大户,水资源的缺乏和分布不均匀的现状将制约我国水稻生产的进一步发展,水稻干旱的问题也越来越突出,引起了越来越多人的重视。干旱导致水稻生长发育严重受阻,生育期显著减慢,造成严重减产甚至绝收。因此,提高稻类对水分的利用率和对缺水的适应性是节水农业的重要组成部分。

旱灾是指因自然气候的影响,土壤水与农作物生长需水不平衡造成作物植株异常水分短缺,影响正常生长发育从而直接导致水稻减产损失的灾害。干旱是造成我国粮食总产大幅度波动的主要原因之一。1950～1983 年,全国平均每年受旱面积为 1 960 万公顷,成灾面积达 670 万公顷,其中全国旱灾面积超过 2 670 万公顷的有 8 年,较重的干旱有 12 年。近年来,全国平均每年受旱面积为 2 000 万公顷左右,成灾面积达 1 280 万公顷,绝收面积达 260 万公顷。由灌溉设施老化及气候异常引起的干旱造成作物成灾面积逐年上升。

水稻不同生育阶段,干旱造成的损失是不一样的,生殖生长期受旱影响最大,移栽期次之。分蘖期干旱,生长受到抑制,甚至一部分叶片受旱枯死,但当干旱持续时间不太长,恢复灌溉后,水稻仍能很快恢复生长,部分弥补因干旱造成的影响,对产量影响相对较小。在生殖生长期,干旱造成的水稻生长危害无法弥补,故损失较大。穗分化形成期水稻植株蒸腾量大,水分需求多,是水稻一生中需水的临界期。干旱引起大量颖花败育,颖花数下降,空粒数增加。抽穗开花期发生干旱,会影响抽穗,造成包颈,花药不能开裂,花粉数量减少,花粉生活力下降,甚至干枯死亡,不能正常进行授粉,致使结实率降低,空壳率增加。灌浆成熟期干旱,造成叶片过早枯黄,粒重降低。

第一节
干旱对水稻生长发育及生理指标的影响

一、干旱影响水稻稻株生长

(一)地上部稻苗

当土壤水分低于土壤饱和含水量的60%~70%时,随着土壤水分亏缺程度的加重,轻则使植株脱氮,叶面积减少,叶色严重转淡,重则使藁株停止发育或死亡。以后虽经复水追肥,在短期内也不易恢复正常生长。栽秧当日受旱20天以上,显著地抑制了分蘖的发生,栽秧后20天开始受旱10天以上,严重影响分化,株高降低。

(二)地下部根系

水分胁迫显著影响水稻单株次生根数、根系干重、根系吸收总面积、活跃吸收面积和根系活力。水稻前中期发生水分胁迫,其阶段需水强度降低,但在受旱阶段,由于水稻生长对恶劣环境产生的"抗性",促进了根系生长,并向纵深和广处延伸;由于土壤水分含量低,改善了土壤的通气状况,好气微生物活动旺盛,速效养分增加,更有利于水稻生长发育,从而加大了需水强度,根系增长速率"反弹",甚至在短期内会超过正常灌溉处理的增长速率,因此,分蘖期干旱对根系生长发育影响较小。后期发生水分胁迫,其阶段需水强度下降。由于叶面积指数及生理活性逐渐减弱,根系活力也逐渐衰退,适应恶劣环境的能力较弱,在受旱结束恢复正常供水后,其需水强度也不能恢复到受旱前的水平。拔节后直至抽穗开花期对水分胁迫反应最为敏感,但也有人认为,水稻抽穗灌浆期发生土壤干旱,根系活跃吸收面积与 α - 奈胺氧化活力均增强。土壤水分为田间最大持水量的 70% ~75% 时最有利于水稻根系生长发育。

二、干旱影响水稻矿质营养和光合性状

干旱胁迫使水稻茎叶中可溶性蛋白(SP)、全磷(TP)和钠离子(Na$^+$)含量降低,而对水稻体内全氮(TN)、蛋白态氮(prN)、非蛋白态氮(NprN)及钾离子(K$^+$)、钙离子(Ca^{2+})、镁离子(Mg^{2+})含量的影响因品种而异,且与供氮水平有关。干旱胁迫下,氮素营养可明显增加水稻茎叶可溶性蛋白、全氮、蛋白氮及非蛋白氮、全磷、钾离子、钠离子含量,但对钙离子及镁离子含量的影响具有品种间差异性。当土壤含水量降低到田间持水量以下时,土壤中无机氮以硝态氮为主,80% 田间持水量时硝态氮占无机氮总量78.2%,而水稻体内缺乏硝酸还原酶,因而造成水稻氮素营养的障碍。

干旱胁迫下单叶净光合速率的日变化规律表现为:胁迫较轻时,单叶净光合速率在正午附近出现低谷;胁迫严重时,净光合速率全天低于对照,且不及对照的1/2。水分胁迫下水稻叶片的气孔密度明显增大,气孔的长、宽明显减少,气孔密度与气孔长度、宽度呈显著的负相关,而气孔长度和宽度呈显著正相关,叶绿素 a 含量降低,净光合速率显著下降,并表现出与气孔密度呈显著负相关。气孔密度的增加可能与干旱使叶面积变少从而提高了单位面积上的气孔个数有一定的联系,水分胁迫下根系吸水困难,叶面积减少,叶片含水量降低,为了减少体内水分的散失,气孔的开度必然减少以至关闭,因而增大了二氧化碳扩散到叶内和进入叶肉细胞的阻力。另外,水稻叶片的光合能力与叶内的氮含量呈高度正相关,在抽穗后叶片的氮会迅速向穗部移动,叶内氮浓度下降光合能力降低;当叶片严重缺水时还会影响到叶肉细胞内部超微结构,使叶绿素降解、叶绿体失活,光合速率下降。如文汉等的研究结果表明,干旱导致水稻抽

穗后旗叶绿色叶面积和叶绿素含量下降，叶片易早衰，旗叶光合速率降低。付华等则发现水分胁迫条件下免耕水稻剑叶光合速率下降、叶片早衰、植株干物质量与叶面积降低，茎鞘贮藏物质少且向子粒中的转化能力弱。

三、干旱影响水稻开花、灌浆、干物质积累和产量及品质

在持续土壤水分胁迫下干物质积累和群体生长速率比全生育期保持浅水层的低，且降低程度与水分胁迫程度呈正相关，各营养器官在水分胁迫下干物质的积累均受不利影响，并呈现一定的规律性，其敏感性为茎 > 鞘 > 叶，与光合产物运输的顺序则相反。干旱对水稻产量的影响程度随受旱的阶段以及受旱程度的不同而异，大穗型水稻品种分蘖期耐旱力最强，适度干旱有利于产量的提高，幼穗分化至抽穗开花期对缺水最为敏感。受旱减产率，重旱大于轻旱；中后期受旱减产率大于中前期受旱，特别是孕穗后期至抽穗开花期受旱减产最严重。水稻孕穗期干旱导致水稻子粒的体积、长、宽、厚、长宽比及千粒重等性状发生改变。严重受旱条件下，生育期显著减慢，表现为分蘖减少且不齐，拔节孕穗期分化严重受阻，抽穗困难，穗小粒少等。灌浆期受旱，植株早衰，每穗实粒数、结实率和千粒重显著下降。据赵正宜等报道，当土壤水分低于土壤饱和含水量的 $60\% \sim 70\%$ 时穗数减少 17.8% 以上，并形成小穗，粒数也减少 14.4% 以上。无论是源限制型还是库限制型品种，在持续土壤水分胁迫下，每穗的总颖花数和千粒重均随胁迫程度的增加而呈降低的趋势。产量降低的主要原因是由于颖花量的减少，而结实率和千粒重下降较少。一些颖花形成能力强的品种，在土壤较为干旱的状态下仍能获得较高产量，而一些颖花形成能力较弱的品种则严重减产。但也有人认为干旱导致结实率和粒重下降是产量损失的主要原因。

此外，干旱可降低稻米加工品质，其中对整精米率的影响最大；干旱对粒形影响不大，但极显著增加垩白米率和垩白度，从而降低

稻米的外观品质;干旱还可影响稻米的蒸煮和食用品质,使稻米的糊化温度提高,胶稠度变硬,直链淀粉含量降低。

第二节
苗期干旱与防救策略

一、干旱灾害的影响

我国水稻主要产区水稻生长季节的降雨特点是:水稻苗期降雨少,生长中后期降雨多,因此水稻苗期易出现干旱,造成成苗和分蘖生长受影响。水稻各生长期中,苗期的抗旱性相对较强。我国在西南稻区和北方稻区有部分旱稻,严重的干旱会造成旱稻出苗率下降。水稻移栽后或直播田苗期遇到旱害,早期表现在中午气温高时,叶尖凋萎下垂,到夜间能恢复原状。如干旱继续,植株缺水严重,水稻叶片白天凋萎,夜间不能复原,直至稻株死亡。受旱水稻还表现出生育期延长,植株矮小,分蘖迟缓或减少,轻度干旱时叶色变深,严重干旱时叶片发黄,最后稻苗枯死。移栽后到有效分蘖临界叶龄期,干旱会引起水稻分蘖减少,特别是有效分蘖,导致成穗数下降。

二、干旱灾害的预警

东北干旱区,干旱主要出现在4~8月的春、夏季,一般春季出现干旱的概率66%、夏季为50%。黄淮海干旱区,作物生长期间3~10月均可出现干旱,但以春旱为主,播种移栽易旱。长江流域地区在

3～11月均可能出现干旱,但主要集中在夏季和秋季,以7～9月出现机会最多,伏旱危害最大,晚稻移栽易旱。华南地区,干旱主要出现在秋末和冬季及前春,多数年份干旱持续3～4个月。西南地区,干旱一般从上一年的10月或11月开始,到下一年的4月或5月,干旱主要出现在冬春季节。如2009年入秋以来到2010年4月西南地区的云南、贵州、广西、四川和重庆的部分地区出现严重的干旱,造成水稻播种成苗困难。各地应掌握雨情、蓄水和农田土壤特性,加强旱情监测,并及时上报受旱情况,采取抗旱对策。

三、抗灾减灾的技术措施

(一)选用抗旱品种

水稻品种苗期的抗旱性存在较大差异,根据当前的生态环境和种植制度可选用适宜的抗旱水稻品种。

(二)旱育稀播

在干旱情况下,可采用集中育秧,提高水资源利用率和育秧效率,实现集中育秧,统一供秧,确保秧苗供应。稀播旱育秧,延长水稻秧龄,培育壮苗。在旱育稀播的基础上,1叶1心期喷施1次多效唑,控制秧苗高度,促进秧苗分蘖,达到秧苗矮壮。

(三)增加基本苗数

直播稻可适当增加播种量,增加基本苗数。移栽稻应适当提高种植密度和基本苗数,确保足够穗数,实现高产。

(四)加强肥水管理

对于水稻苗萎蔫持续6～8天以上的田块,水稻苗虽发生卷叶萎蔫,但夜间大部分叶片还能展开,心叶仍保持绿色,根系活力较强,应采取紧急抢救措施保苗。先进行湿润灌溉,于降雨后再浅水灌溉。

覆水后抓紧追施氮肥和复合肥,一般每公顷施用纯氮75千克左右。如苗数不足,复水后叶片转色不明显,叶片仍偏黄,应增加用肥量。

（五）加强病虫防治

受旱水稻生育进程都有不同程度推迟,覆水施肥后叶色加深,需加强病虫防治,尤其要加强对稻纵卷叶螟、稻飞虱、三化螟及稻瘟病等病虫的防治。

第三节

孕穗开花期干旱与防救策略 ▶

一、干旱灾害的影响

水稻孕穗开花期是水稻对水分最敏感时期,干旱会造成水稻穗粒数和结实率下降。在孕穗到抽穗期间,严重干旱会导致水稻抽穗不整齐,出现包颈现象,白穗多,水稻植株矮小,开花授粉不正常,空秕谷多,颖花雌雄不发育,出现白化。受干旱危害的水稻,生育期明显延长。中籼稻从拔节到灌浆连续受旱,生育期比未受旱的延长14～18天。且干旱引起抽穗不整齐,从始穗到齐穗比未受旱水稻的可延长5～6天。倒2叶到孕穗期,干旱使水稻受到严重影响。尤其在倒1叶期,幼穗分化处于花粉母细胞减数分裂到花粉粒形成阶段,是对水分最敏感时期,干旱可引起花粉不育或不能形成花粉、子房,造成大量不实粒甚至死穗。

干旱对水稻的影响往往伴随高温影响,2003年我国湖北、湖南和安徽等地水稻抽穗开花季节发生异常高温干旱,高温天气正值早中熟的抽穗开花期,引起颖花不育,造成几百万公顷水稻减产。仅安徽省因高温引起颖花不育的受灾面积达30多万公顷,结实率在30%～60%,有的在10%以下。在水分灌溉条件下,高温引起结实下降的程度减轻。

二、干旱灾害的预警

在孕穗到抽穗期间,当土壤含水量为田间持水量的 70% ~ 80%,并持续 10 天,引起水稻结实率下降。当田间持水量降低到 60% 以下,并持续 10 天,水稻结实率显著下降。

土壤含水量是干旱的主要指标,在水稻孕穗抽穗开花期,当田间土壤水分小于田间持水量的 80% 时,应当引起关注,并采用抗旱减灾的措施。

三、抗灾减灾的技术措施

(一)选用抗旱品种

选用孕穗期耐旱性强、适宜当地种植的品种。

(二)调节播种期,避开干旱对孕穗开花的影响

不同地区常年干旱出现季节不同,根据水稻生长季节和干旱出现的季节,通过选择品种的生育期和播种期调整,避开水稻孕穗开花的干旱季节,达到抗旱目的,这种方法在东南亚产稻国的干旱地区也是常用的方法。

(三)采用覆盖种植,减少水分蒸发

可采用薄膜或稻草等秸秆覆盖种植水稻,减少水稻生长季节田间蒸发耗水量。稻草等秸秆覆盖一般在水稻移栽返青后开始,在行间覆盖稻草等秸秆,以降低稻田蒸发耗水量。条直播和点直播水稻,也可在行间覆盖稻草等秸秆。注意稻草等秸秆不能盖得太厚,不然导致土壤温度下降,影响水稻分蘖出生。也可采用覆盖薄膜,水稻可做畦种植,一般选择宽 2 米、厚度 0.005 ~ 0.008 毫米的地膜。贴泥覆盖。覆膜后,破膜移栽。移栽后实行全程旱管,只要沟内保持有水。雨水较多地区,水稻整个生育期不需灌溉。

（四）合理灌溉

孕穗开花期,可采取湿润和浅水层间隙灌溉的方式,灌 1 次浅水层,保持水层 4~6 天,湿润土壤 3~5 天,然后再灌溉第二次浅水层。如此反复多次。

第四节
灌浆期干旱与防救策略

一、干旱灾害的影响

灌浆乳熟期,也是对水分比较敏感的时期。干旱造成叶片早衰,光合面积和光合速率下降,物质生产量减少。同时,严重干旱会影响有机物质向穗部运转,灌浆受阻,秕粒增多,千粒重下降,导致产量下降。严重的引起植株枯黄死亡。

二、干旱灾害的预警

当土壤含水量低于田间持水量的 80%,且持续 10 天以上,就出现干旱对水稻灌浆的影响。含沙量高的土壤及保水能力差的田块,干旱对灌浆影响更大。

干旱对灌浆影响多发生在丘陵山区及灌溉条件差的旱稻和灌溉稻,南方地区部分稻区,常出现高温伏旱天气,造成水稻灌浆期干旱,导致减产。因此,在水稻灌浆期间,根据灌溉条件和降雨情况,及时采取抗旱减灾的措施。

三、抗灾减灾的技术措施

（一）选择抗旱品种

水稻灌浆期对干旱的抗性品种间存在较大的差异,有的品种在轻度干旱条件下产量损失较少。在灌浆期常遇到干旱的地区,可选择灌浆期抗旱能力较强的水稻品种。

（二）调整播种时期

在灌浆期干旱出现频率较高的地区,可根据水稻生长期,选择适宜的品种生育期,调整播种期,避开灌浆期干旱对结实、灌浆的影响。

（三）及时补充灌溉

以节水灌溉为原则,及时实施湿润灌溉,补充水稻必要的水分,恢复干旱后水稻生长。

第五节

水稻抗旱减灾生产技术

针对长期干旱,水稻生产抗旱减灾技术对策是:集中育秧、旱育稀播,干耕水平、等雨插秧,覆盖种植、浅湿灌溉,病虫防治、保苗保产。由于难以预计干旱持续的时间,需要做好充分准备,采取应对抗旱减灾的水稻生产技术。首先是在选用抗旱品种基础上,采用旱育稀播,确保足够水稻秧苗,保苗主要是保障秧苗的数量和质量。针对水资源不足及干旱可能造成移栽季节推迟,采取旱育稀播育秧技术,培育壮秧,提高秧龄弹性,确保移栽时基本苗能达到高产要求。旱育

125

秧比湿润育秧节水效果显著,旱育秧育成的秧苗,根系发达,移栽后返青快,早发性好,确保足够的分蘖,实现高产。其次是干耕水平、等雨插秧,改变传统用水泡田整田方法,在稻田不灌水的情况下翻耕整田,灌浅水平整,利用旱育秧稀播种育壮秧,等下雨插秧。最后是采用覆盖种植、浅湿灌溉等节水灌溉技术,提高水分利用效率及保苗争产量的栽培技术,干旱和延长秧龄会影响分蘖力,要通过确保基本苗数,促进早发,促进分蘖成穗,确保一定穗数,在确保穗数的基础上,通过肥水调控,争取大穗,确保水稻高产。

为此,提出以下几点抗旱减灾水稻生产技术建议。

一、集中育秧,旱育稀播

在干旱情况下,可选择有水源保障的田块适当集中育秧,统一供秧,提高育秧效率和水源利用效率,减低育秧成本,确保秧苗数量。

水稻旱育秧技术是节水、抗旱、高产的生产技术,旱育的秧苗移栽后的耐旱能力强于水育秧。有条件的地区,在采用旱育秧的同时,要扩大苗床面积,降低播种量,提高秧龄弹性。育足水稻秧苗,确保基本苗数。

在旱育秧期间,可采用"旱育保姆剂"及喷多效唑等调节剂,提高秧苗素质。

二、干耕水平,等雨插秧

干耕水平指的是干湿整田、浅水平田。传统稻田水整田方法需要泡田,整地时间长,需水量大,造成水资源大量浪费。采用干燥或湿润田耕田整田,可节省大量的泡田用水,节省整田时间,提高整地质量,促进水稻早发。在雨日来临时,及时灌浅水平整稻田,并插秧。达到抢雨季,抢季节及时移栽。采用旱耕田、浅水平田方法,可比水整田节省用水量 750 ~ 1 200 米³/公顷。

三、覆盖种植，干湿交替节水灌溉

可采用薄膜或稻草等秸秆覆盖种植水稻,减少水稻生长季节田间蒸发用水量。稻草等秸秆覆盖一般是在水稻移栽返青后开始,在行间覆盖稻草等秸秆,以降低稻田蒸发耗水量。薄膜覆膜,水稻可做畦种植,一般选择宽 2 米、厚度 0.005 ~ 0.008 毫米的地膜,贴泥覆膜。覆膜后,破膜移栽。移栽后实行全程旱管,只要沟内保持有水。雨水较多地区,水稻整个生育期不需灌溉。

有的地区也可采用水稻覆膜直播,按一定规格做畦覆膜,然后膜上打孔,直接播种芽谷,全生育期实行湿润灌溉,节水效果明显。

根据水稻不同生长时期对水分敏感性和水分的需求,在水稻对水的敏感期进行灌溉,不太敏感期不灌水。减少稻田的灌溉次数和每次灌水量,采用田间浅水层、湿润和干燥交替的好气灌溉技术,达到节水增产效果。具体做法是,移栽后返青期,灌浅水(水层 3 厘米左右)。有效分蘖临界叶龄期前 1 叶龄期(达到穗数 80% 的苗数)直到穗开始分化(叶龄余数 3.5 叶),不灌水,进行分次搁田,先轻后重。穗分化期到成熟采用浅水层和湿润交替。这样可减少灌水量,提高水分生产率。

四、加强病虫测报，及时做好防治

如果上一年秋冬连续干旱,并伴随温度偏高,害虫越冬基数大,必将导致下一年病虫发生早、发生重,特别是螟虫和飞虱,需要加强测报,根据病虫情况做好防治工作,确保水稻产量。

第五章

水稻高温的危害与防救策略

本章导读：随着全球气候的不断变化，高温天气逐渐增多。水稻虽然是喜温作物，但过高的气温对水稻也会产生不利的影响。本章介绍了高温对水稻叶片生长的影响、孕穗开花和灌浆期高温的危害与防救策略。

随着全球气候变暖趋势越来越严重,高温对水稻的生长发育与产量的影响也日益得到人们的重视。长江中下游是我国最重要的水稻种植带,其水稻种植面积占全国水稻总面积的70%左右,总产量占全国粮食总产量的30%左右,也是全球罕见的水稻花期高温危害严重发生带。由于夏季7～8月常受副热带高压影响,易出现持续高温天气,而此间双季早稻与单季中籼稻正处于孕穗和抽穗开花的"敏感时期"。近年来杂交中稻花期受到的高温危害愈来愈严重,已严重威胁到长江流域甚至我国的粮食生产安全。

近50年来,中国长江流域在1959年、1966年、1967年、1978年、1994年、2003年和2013年共发生7次重大水稻高温热害事件。2003年持续的高温使长江流域沿线的中稻受到严重危害,全国当年稻谷产量降至近20年来的最低点。全流域受害面积达1 000万公顷,损失稻谷达5 180万吨。其中安徽省当年受灾面积达33万公顷,损失稻谷1 280万吨。武汉市受灾面积为2.7万公顷,占总水稻面积的48%,产量损失达50.0%,在南方双季稻区,早稻的生长处于低温到高温阶段,6、7月盛夏高温季节,早稻处于开花灌浆期,因而早稻抽穗、开花和灌浆期易受高温影响。

水稻对高温热害最敏感的时期为减数分裂期到开花期,次敏感期为灌浆期。水稻抽穗开花期遭遇35℃以上短暂的高温就能引起颖花高度不育,直接降低结实率。郑建初等研究发现,当抽穗期遇到35℃持续3天的高温,水稻结实率降至70%以下;遇到37℃持续3天以上的高温,水稻结实率低于50%;当遇到41℃持续仅1小时的高温时,水稻结实率则下降到50%以下。早稻灌浆至成熟期,出现32℃高温是千粒重的伤害温度;35℃高温可以引起子粒早衰,缩短子粒的灌浆持续期,是实粒率的伤害温度。

长江流域地区是重要的水稻种植带。近年来,随着全球变暖和全球气候的异常变化,加上长江流域地区特殊的地形条件,该地区的水稻遭遇高温热害的概率正日益增加,已经严重影响了当地水稻安全生产。湖南、湖北、江西、安徽、江苏与浙江6省位于长江流域腹地,雨热同季,为水稻的生长发育提供了良好的条件,但频繁的高温经常威胁到水稻生产。浙江省早稻于 6 月中旬末开始抽穗,7 月中下旬成熟。常年,浙江省梅雨期结束于 6 月下旬至 7 月初,此后,进入晴热高温期,持续高温对早稻的抽穗扬花和灌浆成熟造成危害。西南稻区的一季中籼稻区地域跨度大,气象条件差异显著,2005 年,四川、重庆两地水稻受到高温危害,减产超过 10 亿千克。

第一节
孕穗开花期高温的危害与防救策略

一、高温灾害的影响

水稻不同发育期的高温热害指标不同,籼稻开花期间长期高温伤害的临界温度为日平均气温 30℃,短时高温伤害的临界温度为 35℃。根据试验和调研,一般认为孕穗、开花期受害温度指标为:日最高气温持续 3 天以上≥35℃。盛花期 36~37℃严重受害。7 月下旬至 8 月上中旬是一年中气温最高的季节,经常出现连续 3 天以上平均气温≥30℃,日最高气温≥35℃的高温天气,同时,极端最高气温可达 38℃以上,空气相对湿度在 70% 以下,对水稻生产造成严重影响,尤其是对水稻最敏感的孕穗开花期危害最重,轻则减产,重则绝收。

水稻孕穗开花期,不同高温强度及其持续时间对结实率影响不同,随着高温强度的加大和持续时间的延长,水稻秕粒率和空粒率增加。高温危害的最为敏感期为水稻盛花期,盛花期前或盛花期后较轻,开花当时的高温对颖花不育有决定性影响。水稻开花期受害的机制,一般认为是花粉管尖端大量破裂,使其失去受精能力,而形成大量空秕粒。从花粉粒镜检情况看,花粉粒充实正常率明显下降,水稻花丝萎缩,花药不开裂散粉或花粉粒不发芽,畸形率明显增加,影响颖花的开放、散粉和受精,因而空粒增多。

持续异常高温引起水稻结实率下降的程度,因水稻品种耐热性不同存在差异,相同品种因种植地区、田块、播期、田间管理等因素不同,影响的程度也存在差异。水稻不同品种或同一品种不同发育期抗高温能力都有差异,一般籼稻耐高温性强于粳稻。早熟品种不耐高温,大穗型品种对营养要求高、对环境要求严,也不耐高温。此外,高温受害程度还与秧苗素质、植株生长状况、栽培条件、管理水平等有关。

二、高温灾害的预警

水稻在孕穗至抽穗扬花期前后的最适宜温度为 25～30℃,抽穗前后 10 天对温度特别敏感,孕穗期如遇 35℃ 以上持续高温,会造成花器发育不全,花粉发育不良,活力下降;抽穗扬花期如遇 35℃ 以上高温,就会影响花粉管伸长,导致不能受精而形成空秕粒即"花而不实",在恒温 38℃ 下抽穗的水稻全部不结实,高温还能直接杀死花粉。在水稻开花期,当日平均温度连续 5 天达到 30℃ 以上,日最高气温连续 2 天超过 35℃ 以上,可能会造成高温引起颖花结实率下降。因此,要根据历年气象资料,分析在水稻开花期可能出现高温的概率。如果存在开花期高温危害的可能,需要采取选育耐高温品种、选择适宜的播栽期、调节开花期的技术措施。还可以根据天气预报,在水稻开花期可能出现连续高温前,采取相应抗灾减灾的技术措施,缓解高温对水稻孕穗开花的影响。

三、抗灾减灾的技术措施

(一)选育耐高温品种

根据品种开花期耐高温特性,以及不同地区常年水稻开花期高温出现的概率,选用开花期耐高温的品种。也可选用开花期较早的品种,避过盛花时的高温危害。如根据四川盆地东南部高温伏旱区杂交中稻生长发育情况选用品种的全生育期不宜过长,所选用品种的全生育期以最长比汕优 63 不超过 3 天为佳。

(二)选择适宜的播栽期,调节开花期,避开高温

根据当地水稻生长季节和品种生育特性,选择适宜的播栽期、调节开花期,使水稻开花期避开高温季节。如四川盆地东南部高温伏旱区利用旱育秧提早抽穗以避过高温。积极推广旱育秧,提早水稻的播期和抽穗期。采取提早播种,提早抽穗避开水稻开花期的高温季节。长江流域地区为避开花期高温,双季早稻应选用中熟早籼品种,适当早播,使开花期在 6 月下旬至 7 月初完成,而中稻可选用中晚熟品种,适当延迟播期,使籼稻开花期在 8 月下旬,粳稻开花期在 8 月下旬至 9 月上旬结束,这样可以避免或减轻夏季高温危害。

(三)采用科学肥水措施减轻高温危害

在抽穗扬花高温敏感时期应及时采取应急措施,减轻损失。

1. 田间灌深水降低穗层温度

据上海市气象局试验,当穗周围气温为 32.7℃,空气相对湿度为 71% 时,灌 8 厘米水层后,穗部周围气温降为 31.2℃,相对湿度增至 83%。水稻开花期遇到高温季节时,可采用稻田灌深水和日灌夜排的方法,或实行长流水灌溉,增加水稻蒸腾量,降低水稻冠层和叶片温度,亦可降温增湿。在水稻长势好的田块,可在 11 时前灌水,到 14 ~ 15 时排水,调节中午前后高温时段的温、湿度。必要时在中午前后水稻开颖前,或闭颖后,每公顷用清水 3 000 ~ 3 750 千克喷洒,一

般可使温度降低 1～2℃,相对湿度增加 10%～15%,并能维持 1～2小时。

2. 在肥料管理上合理地提早施肥

可促进分蘖早生快发,降低后期冠层含氮量,加快生育进程,增加后期耐旱和抗高温能力。并实行根外喷施磷、钾肥,如 3% 过磷酸钙或 0.2% 磷酸二氢钾溶液,或与 0.13% 硼砂混合液,能极显著地改善水稻受精能力,增强稻株对高温的抗性,有减轻高温伤害的效果。

(四)受极端高温危害的水稻,可采用蓄留再生稻方法

蓄留高温再生稻,结实率低于 20% 且水源条件好的稻田,及时抽水防旱,待头季稻八成黄后适期早收头季后蓄留高温再生稻,可收获再生稻 4 500～6 000 千克/公顷。主要措施:

1. 施足发苗肥

割苗前每公顷施尿素 300～375 千克作为发苗肥。

2. 低留稻桩

高温再生稻因较正季中稻收割后蓄留的再生稻在时间上早 20天左右,低位节苗不会受到低温阴雨影响而降低结实率,割苗时应低留稻桩,留桩 20 厘米左右,促进倒 3～5 叶中低位节腋芽萌发,有效地增加再生稻苗、穗数和穗粒数,更有利于提高产量。

3. 稻草还田

为了抓进度,抢时间,割苗后稻草就近处理还田。其他管理按正季再生稻技术实施。对于结实率低于 20% 且水源条件差的稻田,若蓄留再生稻可能还会因高温伏旱而失败,此类稻田应选择机割苗耕地,待高温伏旱过去后及时改种秋季作物,如秋甘薯、秋玉米或各种秋季蔬菜,以弥补大春损失。

第二节
灌浆期高温的危害与防救策略

一、高温灾害的影响

据中国科学院上海植物生理研究所报道,不同高温对水稻灌浆期的影响不同。日温 32℃夜温 27℃处理 5 天,千粒重有所下降。日温 35℃夜温 30℃处理 5 天,千粒重和结实率都明显降低。四川省农业科学院水稻研究所在杂交水稻汕优 2 号灌浆期的高温试验中指出,开花后 1～10 天内,日平均气温大于 28℃就会降低千粒重。高温对水稻子粒灌浆的影响主要表现在秕粒率增加,实粒率和千粒重降低。有关研究表明,乳熟前的高温伤害主要是降低实粒,增加秕粒。乳熟后期的高温伤害主要是降低千粒重。灌浆期如受到 35℃以上高温的影响,会使叶温升高,降低叶片的同化能力,增加植株的呼吸速度,灌浆期缩短,千粒重下降,导致秕粒率增加,引起明显减产。而且高温的强度、持续的时间、出现的时段及昼夜温差等都对空秕率有直接影响。

高温对水稻灌浆的影响主要在于子粒过早减弱或停止灌浆,即高温缩短了子粒对贮藏物质的接纳期。其原因是灌浆期遇到高温会使子粒内磷酸化酶和淀粉的活性减弱,灌浆速度减低,影响到干物质的积累。另外,高温还增加了植株的呼吸强度,使叶温升高,叶绿素失去活性,阻碍光合作用正常进行,降低光合速率,物质消耗量大大增强,使细胞内蛋白质凝集变性,细胞膜半透性丧失,植物的器官组织受到损伤,酶的活性降低,整个植株代谢也失调,最后 3 片功能叶早衰发黄,灌浆期缩短,最终表现为"高温逼熟"现象。

二、高温灾害的预警

水稻灌浆期最适温度为 21 ~ 25℃,如果水稻灌浆初期在 35℃气温条件下处理 5 天,其结实率降低 10% ~ 15%,千粒重降低 0.5 ~ 1.5 克。在高于 35℃的情况下,温度愈高或延续时间愈长,水稻根系早衰,吸收养分的能力减弱,叶片功能下降,稻粒易停止发育,形成半实粒,而且造成米粒质地疏松、腹白扩大、千粒重降低、米质变差,对结实率与千粒重影响愈大。在我国水稻灌浆期的"高温逼熟"以南方早稻较常见。

三、抗灾减灾的技术措施

(一)调整种植制度

根据水稻季节和水稻灌浆期间的温度状况,调整水稻种植季节和品种类型,使水稻开花和灌浆期避开高温时段,减少水稻灌浆期遇到高温影响。

(二)选育耐高温的水稻品种

水稻品种灌浆期间耐高温特性存在差异,选用耐高温品种可减轻高温危害。在品种选择中,应进行耐高温试验,注意选择耐高温的品种。

(三)合理安排播种期,使灌浆期避开高温天气

根据品种播种到抽穗所需天数推算品种的适宜播种期。通过调整灌浆使水稻避开高温对灌浆的影响,从而防御或减轻高温热害对水稻产量和品质的影响。

(四)遇到高温危害时,采取适当的栽培技术措施

及时灌深水,可起到调节田间小气候、提高湿度、降低温度的作用,可部分缓解高温危害。在高温时间,也可在水稻叶片上喷水降

135

温。适当减少后期氮肥用量,减轻高温危害程度。对已经发生高温危害的田块,要加强湿润灌溉,喷施叶面肥。

第六章

水稻低温冷害与防救策略

本章导读： 低温冷害是影响水稻生产的主要灾害之一。包括春季冷害和秋季冷害，对水稻不同生育时期造成的危害也不同。本章中主要介绍了水稻育秧期、水稻穗分化发育期及开花灌浆期低温冷害的特点与相应的防御措施。

低温天气和冷水灌溉所致的冷害是水稻生产中的一大限制因子。据报道，全世界有1 500万公顷以上的稻作面积受到低温威胁，共有24个国家存在严重的水稻低温冷害问题，即亚洲的日本、中国、韩国、朝鲜、印度、泰国、斯里兰卡、菲律宾、尼泊尔、孟加拉国、巴基斯坦、印度尼西亚、伊朗、沙特阿拉伯，非洲的塞内加尔，澳洲的澳大利亚，欧洲的意大利、匈牙利、苏联，北美洲的美国，南美洲的秘鲁、哥伦比亚、巴西、阿根廷等。日本是一个低温冷害常发生的国家，在过去的90年中有22年遭受了低温冷害，其中1993年的低温冷害使该国的稻谷总产减少了28%，迫使日本当年大量进口大米。

我国水稻种植地域广，从北纬53°27′至18°09′间均有种植，不同稻区生态环境多样、水稻种植季节多种、品种类型各异，从育秧、穗分化发育、抽穗开花和灌浆期，低温常对水稻生长产生不良影响。发生比较频繁的地区主要是长江中下游早稻秧田和直播田，晚稻开花结实期，云贵地区的水稻开花结实期，四川地区再生稻开花结实期，华南稻区早稻的穗形成期，东北稻区的育秧期和开花结实期。几十年来，随着技术的进步，水稻冷害减轻。如黑龙江省1949～2004年水稻气象灾害对水稻产量影响的评估结果显示，1984年以前气象灾害对水稻危害较大，大灾年份比例占48%，平均灾损率达到29%，造成水稻产量年际波动大。1984年以后，水稻品种抗灾能力增强，旱育稀植技术的推广降低了水稻遭受低温冷害的风险，同时全球气候变暖也减小了低温冷害发生的概率，低温对水稻产量影响程度下降，平均灾损率9%。2007年，东南沿海地区浙江、福建、江苏等地中晚稻结实灌浆期间受台风低温影响，水稻结实率大幅下降，造成产量下降。2009年，东北稻区，特别是黑龙江水稻移栽后较长时间的低温导致水稻生育期延迟，抽穗开花期推迟，开花结实受低温影响，部分品种结实率下降。

一般而言，水稻冷害是指水稻遭遇到低于其正常生长发育的温度一段时间后，其正常的生长发育受到了影响的一种现象。水稻正常生长发育所需的温度因水稻的类型、生长发育进程而不同，同时水稻的生理状况等与其能够承受的低温也有密切关系。因此，水稻冷

害是一个相对的概念。水稻种子萌发最低气温12℃,最适温度28~
32℃,最高温38℃,幼苗生长最低温度籼稻14℃,粳稻12℃,最适温
度16~17℃,最高温度32℃。分蘖期生长发育最低温度22℃,最适
温度30~32℃,最高温度34℃。幼穗分化发育最低温度为17℃,最
适温度30℃,最高温度34℃。水稻抽穗最低温度20℃,最高温度
40℃,最适温度25~30℃。生产上常以日平均温度稳定在20℃、
22℃、23℃的终日分别作为粳稻、籼稻和籼型杂交稻的安全齐穗期的
温度指标。水稻开花、授粉最低温度粳稻18~20℃,籼稻20~22℃,
籼型杂交稻21~23℃,最适温度25~30℃,最高温度40~45℃。水
稻灌浆期最低温度17℃,最高温度35℃,最适温度24~25℃。

第一节
水稻冷害的类型

一、根据低温使水稻产量受损的原因划分

最早将水稻的冷害分为延迟型冷害、障碍型冷害、混合型冷害和
稻瘟病型冷害。

(一)延迟型冷害

延迟型冷害是指在营养生长期受到低温影响,导致幼穗分化
和出穗延迟,或乳熟期低温导致成熟不良,最终造成减产的一种
冷害类型。这种冷害类型易在水稻可生长季节较短的稻区,如日
本北海道、俄罗斯、我国高纬度的东北及高海拔的云南省丽江等地
区发生。

（二）障碍型冷害

障碍型冷害是指在水稻开始幼穗分化至完成受精的过程中遭受低温，使水稻不能正常地开花受精造成空粒，最终影响产量的一类冷害。如1993年日本发生的"冷夏"及我国长江中下游和华南地区的"寒露风"危害即属于这类冷害。

（三）混合型冷害

混合型冷害是指延迟型冷害和障碍型冷害共同作用导致稻谷产量受损的一种冷害。

（四）稻瘟病型冷害

稻瘟病型冷害是指由于低温危害和在低温条件下穗颈瘟大发生，严重地影响稻谷产量的一类冷害，这类冷害在云南省高原粳稻区时有发生。

二、按照低温冷害发生的时期划分

包括如芽期冷害、苗期冷害、孕穗期冷害、开花期冷害和灌浆期冷害。

（一）芽期冷害

芽期冷害是指从播种到第一完全叶期间受到低温侵袭，导致出芽时间延长或烂秧的一种冷害。这类冷害在我国的长江中下游的早稻种植区及东北等地较为突出，日本的东北部、北海道及韩国等采用直播的稻区也较为严重。

（二）苗期冷害

苗期冷害是指从第一完全叶开始的整个营养生长期间受到低温侵袭，导致秧苗失绿、发僵、分蘖减少、秧苗枯萎甚至死苗等，最终影响产量的一种冷害。这类冷害在我国长江中下游的早稻种植区和东北、西北稻区及云贵高原的一季稻区发生。

（三）孕穗期冷害

孕穗期冷害是指从水稻进入生殖生长到开始抽穗开花期间受到

低温影响，导致花粉发育不正常继而影响正常开花授粉形成空粒的一种冷害。这类冷害常在日本东北部及北海道、菲律宾北部、印度北部山区、印度尼西亚山区、尼泊尔、美国加利福尼亚州，我国的东北、云贵高原粳稻区及长江中下游地区的晚稻中发生。

（四）开花期冷害

开花期冷害是指在水稻的开花期遇到低温，导致花药不能正常裂开散粉、散落到柱头上的花粉不能正常地萌发受精，直接影响受精结实，产生空粒的一种冷害。由于这类冷害的发生时期与孕穗期冷害十分接近，生产实际中有时较难将两者严格区分开来，常将两者合称为孕穗开花期冷害。

（五）灌浆期冷害

灌浆期冷害是指水稻受精以后遇到低温，抑制了叶片正常的光合作用和光合产物的运输，进而使稻谷的充实度变差、品质变劣的一种冷害。这类冷害在云贵高原及尼泊尔等高海拔稻区常有发生。

第二节
水稻育秧期低温冷害与防救策略

一、低温灾害的影响

当日平均气温高于 12℃，水稻可以开始播种。但南方早稻播种成苗期间，常出现倒春寒现象，造成水稻成秧成苗率下降。育秧期间因低温引起水稻种子发芽率下降，秧苗冷（冻）害造成水稻秧苗烂芽烂秧。水稻育秧期间的强降温导致水稻秧苗各种代谢活动受到抑制，生长发育受阻，抗病能力下降。低温造成水稻根内营养物质外渗加剧,造成病菌危害。水稻因低温烂秧主要发生在水稻3叶期前后。

我国南方早稻和北方单季稻育秧期间及直播稻由于低温常常引起烂芽烂秧。

二、低温灾害的预警

南方早稻和北方单季稻育秧期间,如露地育秧或秧田揭膜后,遇到低温阴雨天气会造成低温烂秧。

我国南方稻区初春气温回升较快,而在春季中后期,常出现长期阴雨天气或频繁的冷空气,出现倒春寒现象,引起烂秧。

水稻播种后春季出现连续3天以上日平均温度低于12℃,或连续7天以上平均温度低于15℃,日照时数小于2小时,会造成水稻成秧率和秧苗生长不利影响。因此要密切关注春季育秧期间和直播稻成秧期间日平均温度的变化,如温度过低,应及时采取保温保苗等措施。

三、抗灾减灾的技术措施

(一) 选用耐低温品种

秧苗期种子的发芽率,秧苗的耐低温性水稻品种间不同,生产上根据当地水稻育秧期间的低温状况,选用耐低温的水稻品种。

(二) 选择适宜播期,采用催芽播种

在育秧期间气温较低、变化较大的地区,要选择平均气温高于12℃开始播种,根据春季低温阴雨发生规律,选择适宜的安全播种期和移栽期。一般应选择低温将要结束,温暖天气将要来临时间播种。

在气温较低条件下盲谷播种出苗时间长,成秧率很低,因此需要采用催芽播种,不要盲谷播种。浸种达到谷壳隐约可见浅黄白种胚

为准,但不能浸种时间过长。催芽要做到"高温(36~38℃)露白、适温(28~32℃)催根、淋水长芽、低温炼苗"。芽谷达到整齐、壮实,以芽长半粒谷,根长一粒谷为标准播种。机插秧机播的,以种子露白为标准播种。

(三)做好秧田保温,提高成秧率

北方稻区早春温度低,提倡大棚育秧,棚膜覆盖,温度过低时采用双膜或三膜覆盖育秧,即在大棚内,搭建小拱棚覆盖及地膜覆盖在秧板上,也可用草木灰等直接覆盖秧田,保证育秧温度。有条件的地区可采用旱育秧,减轻低温对水稻育苗的影响。小拱棚育秧田块要"管好膜、灌好水",还要防止大风等恶劣天气掀开薄膜。可以通过以水调温,防止降温造成烂种烂秧。出苗时保证土壤湿润,出苗后遇低温,浅灌秧脚水。若气温继续下降,适当增加灌水的深度;遇到低温且刮强风时,要抓紧灌齐腰水,以防秧苗失水萎蔫。直播的早稻田可采取"日排夜灌"方法,即白天不下雨时田间排干水,利于秧苗扎根,夜间上水保温。

南方早稻和北方单季稻育秧一般需要塑料薄膜或农用无纺布覆盖保温育秧,防止因低温造成出苗率低引起烂秧,影响成苗,提高成秧率。

(四)芽谷可在室内摊开炼芽,等冷尾暖头播种

播种后刚出苗、未现青的芽种,遇低温阴雨时间过长易出现烂芽烂谷。2010年长江中下游地区倒春寒天气影响较重,对于已经浸种催芽的芽种,遇到低温时不要播种,应将芽种在室内摊开炼芽,等到冷尾暖头天气来临时再播种,以提高成秧率。

(五)加强秧田管理培育壮苗

受冻后秧苗发黄,可待天气回升后,根外追施磷酸二氢钾等,提高秧苗素质。低温过后秧田要及时排水追肥,喷施多效唑,培育壮苗。抓好苗期病害防治,做好立枯病、绵腐病、青枯病和苗瘟等病害的防治,秧苗一旦发现早晨叶尖没有水珠和有零星卷叶死苗时,应喷施敌克松药液,以防止烂秧死苗。

（六）直播田要抢时补播补种，确保足够苗数

低温烂种烂秧，成苗数下降，导致秧苗数不足，对于直播早稻影响较大，要抢抓补播或补种。如果直播稻基本苗数严重不足，基本苗在 3 万～5 万株的田块，及时采取催芽补种，方法是采用相同品种，做好室内浸种催芽，播种后保持田间土壤湿润或建立薄水层，保证一播成苗。预计基本苗数明显不够的田块，要选择生育期较短的水稻品种重新直播，努力做到田间耕耙整田与室内浸种催芽同步进行，确保及时成熟。对于预计基本苗 5 万株以上但苗数不足的田块，可以通过移密补稀，确保匀苗壮苗，促进分蘖成穗。

移栽后加强栽后管理，促进分蘖生长。低温导致成秧率下降，造成秧苗素质下降，无论是秧苗素质差，还是插秧后本田基本苗数不足的田块，要加强移栽后田块的肥水管理，促进秧苗早发和分蘖生长。施肥上要强调分次早施分蘖肥，采用干干湿湿的好气灌溉技术，促进根系和分蘖生长，确保足够茎蘖数成穗。

第三节
水稻穗分化发育期低温冷害与防救策略

一、低温灾害的影响

穗分化发育期，水稻幼穗发育时期对温度特别敏感，尤其在花粉母细胞减数分裂四分体至小孢子初期，籼稻低于 17℃、粳稻低于 15℃，会引起花粉发育畸形，颖花大量退化，造成雄性不育，从而导致抽穗后不能结实。此外，孕穗期长时间低温寡照，养分供应不足会影响幼穗发育。抽穗期，如遇 <20℃ 的低温抽穗缓慢，甚至穗基部包在

剑叶鞘内不抽出形成包颈,被包部分是空壳,温度超过 40℃ 抽穗困难。水稻开花受精期,受温度的影响最大,温度 <23℃,一天中开花的时间推迟,且籼稻裂药受影响,<20℃ 裂药授粉困难,花粉粒发芽和花粉管伸长迟缓,受精不良,形成大量空秕粒,若温度 >40℃,花药易干枯,花粉管伸长发生变态。水稻花粉母细胞减数分裂期遇低温,则花粉发育不良,不孕花粉粒增多。

(一)延迟型冷害

主要是指水稻营养生长期间发生的冷害,使生育期延迟。延迟型冷害的特点是,在较长时间低温的影响下,植株生长发育速度缓慢,导致抽穗开花延迟,以至于不能在初霜来临前成熟。

寒冷地区水稻生长期短,积温不足,前期升温慢、中期高温时间短、后期降温快、低温冷害频繁。易出现水稻生育迟缓造成延迟性冷害。水稻遭受延迟型冷害,秕谷增加,千粒重下降,不但产量锐减,而且青米多,米质差,尤其种植晚熟品种,抽穗期延迟,减产更为严重。

(二)障碍型冷害

水稻孕穗和开花等生殖生长期遇低温使水稻产生大量空秕粒而减产的现象称为障碍型冷害,北方稻区发生较多。障碍型冷害的特点是,障碍型冷害造成颖花不育,形成大量空壳而严重减产。根据遭受低温危害时期又分为幼穗形成期冷害,孕穗期冷害和抽穗开花期冷害。孕穗期是水稻一生对低温抵抗能力最弱的时期,即在生殖细胞的减数分裂期(小孢子形成初期),此期遭受低温,不孕粒增多。幼穗形成期受低温危害,不仅延迟抽穗,也易产生畸形颖花和不孕粒,但与减数分裂期相比危害较小。水稻抽穗开花期的低温影响程度仅次于孕穗期,主要造成结实率和千粒重下降。

(三)混合型冷害

指早稻生长期间,延迟型冷害与障碍型冷害相继出现,即两种冷害交混发生的低温冷害。往往前期遇到延迟型冷害,延迟了生育和抽穗,到了孕穗开花期,又遇到障碍型冷害,导致水稻出现大量空秕粒,产量大幅度下降。

145

二、低温灾害的预警

延迟型冷害主要受到水稻生长期间积温高低的影响,如生长期间平均温度较低,总积温少,生育期延长,会出现延迟型冷害。东北稻区水稻移栽后到穗分化期间,时常出现温度较低,积温不足,生育期推迟,出现延迟型冷害。

障碍型低温冷害取决于水稻幼穗分化至抽穗期的温度,在水稻幼穗分化至抽穗期,如在北方稻区的7月中旬至8月上旬,南方稻区的连作早稻,日平均气温连续3天以上低于17℃就会形成灾害。在水稻孕穗期,花粉母细胞减数分裂要求的温度是17℃以上,当日平均气温在17℃以下连续3天以上时,花粉母细胞就不能正常发育,导致花粉败育形成空粒。

水稻对温度敏感时期主要在3个时期,即水稻幼穗形成期、减数分裂期和抽穗开花期,最敏感的是水稻减数分裂期,这个时期相当于抽穗前7~14天,称为水稻孕穗期。此期遭受低温,花粉发育不良,小孢子发育受阻,花药丧失机能,形成颖花不育。

根据当地气象部门的中期预报,做好低温灾害的预警,采取相应的措施。

三、抗灾减灾的技术措施

(一)选择耐低温水稻品种

据多年障碍型低温对水稻的危害调查,宜引进耐寒、早熟、高产良种。如黑龙江省同一地区积温偏差在±300℃,属于积温不稳定类型。因此,就要选用在低温早霜年份也能正常成熟的耐低温的早熟高产优质品种。种植的品种所需积温与当地的无霜期相差10天左右,所需积温低于当地的积温200℃。

（二）根据气候特点，选择适宜播种期

根据本地气候特点，在该地日平均气温稳定通过作物生长的下限温度时，要做好播种准备工作。抓住寒潮过后的冷尾暖头抢晴播种。选择适宜生育期品种，根据品种生育期确定合适的播期，避开水稻抽穗期低温发生频率高的时段。

（三）培育壮秧，缩短水稻返青期

对于水稻障碍型低温冷害，不同育秧（栽培）方式间"空壳"程度差异较大，合理育秧（栽培）方式，如旱育秧可大大减轻低温危害程度。培育壮秧，移栽后无返青期，田间秧苗发育正常。旱育苗，提早播种，延长了水稻生育期，增加积温 200～300℃。采用地膜覆盖，能提高地温，保持土壤水分，改善土壤养分状况与田间光照条件，从而能显著地促进作物的生长和发育。

（四）采用科学施肥方法

增施有机肥、磷钾肥，促进根系生长，提高水稻的抗寒能力。施用磷肥是壮苗早、防御低温冷害的重要措施，可提早成熟 5～7 天。防止后期氮肥过多，使生育期推迟。水稻在低温年份少施氮肥，可减轻孕穗期的冷害。在水稻生育后期根系吸收能力减弱的情况下，根外喷施磷肥、微量元素等，对于提高植株生活力、抗御低温冷害和促进早熟有一定的效果。

（五）提高水温，以水调温

东北稻区及部分北方稻区水稻灌溉采用井水灌溉，水温较低。大多采用晒水池、喷水等井水增温方法，井水经增温后灌溉稻田。不然因井水温度过低造成低温对水稻生长和发育的影响。南方山区稻田，灌溉水温较低，灌溉水需要经过沟渠晒水增温灌溉稻田，避免水温过低影响水稻的生长和发育。

在冷空气侵入时，水稻田可采用全天灌深水或日排夜灌的办法，提高土壤温度和株间温度。在水稻减数分裂期遇到低温，可灌溉 17～20 厘米的深水层，以减轻对水稻穗发育造成的危害。

第四节
水稻开花灌浆期低温冷害与防救策略

·······················

一、低温灾害的影响

水稻开花期受害的温度指标,除与最低、最高温度有关外,还与日平均温度和持续日有关。连续 3 天平均气温 < 20℃,日最高气温 < 23℃,或最低温度 < 17℃,就会形成不授粉的空壳。不同类型品种对抽穗开花期的低温敏感性不同,籼稻耐低温性较粳稻差,一般籼稻品种抽穗开花期引起颖花不育的临界温度为 22℃,粳稻品种为 20℃。灌浆期日均温 < 17℃时物质运转积累受影响, < 15℃时灌浆困难,千粒重、结实率低。

水稻穗分化到抽穗扬花期遇低温引起水稻颖花不育,即通常所说的"翘稻头"现象。抽穗期遇低温,抽穗速度减慢,有的甚至不能抽穗,产生包颈现象,特别是杂交籼稻包颈严重。开花灌浆期遇低温,开花延迟,有时不能开花,出现闭花授粉现象,形成大量空壳。已经受精的,灌浆速度慢,子粒发育不良,千粒重下降。

我国长江流域各省,低温冷害多发生在水稻抽穗开花期。晚栽单季稻迟熟品种以及连作晚稻,在低温来得早的年份常常会受到低温危害。低温对水稻的危害程度,因降温强度、降温持续时间、降温后的温度变化和当时的天气状况不同而有较大差异。低温出现时间越早,温度越低,持续的时间越长,危害越重。

二、低温灾害的预警

水稻穗分化到抽穗扬花期遇低温引起水稻颖花不育主要出现在我国东北稻区、华南稻区的早稻、长江流域各省的单季稻和连作晚稻，西南稻区的云贵高原单季稻和再生稻，近年随全球气候变暖，长江流域各省的连作早稻受低温影响程度逐年减少。

一般籼稻品种抽穗开花期连续 3 天出现低于 22℃ 的温度，粳稻品种连续 3 天出现低于 20℃ 的温度，会引起低温冷害，要做好防御措施。

三、抗灾减灾的技术措施

（一）合理安排种植制度，选用耐低温品种

根据气候特点，合理安排种植制度，选用适宜生育期的水稻品种及播种移栽期，避开水稻抽穗结实期的低温冷害。选用耐低温的品种，减少低温对产量的影响。

（二）科学施肥

在易发生冷害的稻区，增施磷、钾肥，促进稻株健壮生长，增强水稻抗性。在冷害比较频繁的地区，要减少后期氮肥用量，防止抽穗推迟。水稻生长后期，可用磷酸二氢钾叶面喷施。

（三）采用浅水增温、深水保温措施，防御低温冷害的发生

在水稻开花灌浆期，采用以水调温措施，白天灌溉浅水，通过日晒增温，夜间灌深水保温。如遇气温低于 17℃ 时，需灌水深至 10 ~ 15 厘米保温，用田间温水护胎，减少幼穗受害程度，降低空秕率。低温过后，应尽早排水露田，提高地温，降低低温冷害造成的损失。

（四）及时采取抗低温措施，减少产量损失

抽穗期遇到低温，且稻穗抽穗困难时，可喷施赤霉素，加速抽穗进度,减少包颈现象。叶面喷施磷酸二氢钾、叶面肥等,减轻低温危害。

第五节
水稻寒露风灾害与防救策略

一、寒露风灾害对水稻的影响

寒露风是南方连作晚稻生育后期的主要气象灾害。对水稻主要影响是,导致水稻抽穗缓慢,甚至有些稻穗不能完全抽出,出现包颈现象。有的影响颖花的开花授粉受精,导致空粒增加,有的出现"白穗"。有的子粒正常灌浆,形成秕粒及千粒重下降。寒露风可造成10%～20%的空秕率。

二、水稻寒露风灾害的预警

在我国南方,寒露风多发生在寒露节气,故名"寒露风"。寒露风通常指秋季水稻抽穗开花期间,日平均气温连续 3 天或 3 天以上低于 20～22℃的天气。这时正是南方连作晚稻抽穗开花季节,因此,寒露风主要在南方连作晚稻中发生较多,造成初秋的低温冷害。

在南方连作晚稻抽穗开花季节,遇到日平均气温连续 3 天或 3 天以上低于 20～22℃的天气,需要采取寒露风的防御措施。

三、水稻寒露风灾害抗灾减灾技术措施

（一）合理安排种植季节，选用耐低温早中熟品种

连作稻，选用生育期适当的品种搭配，合理安排适宜播期和插期，确保晚稻品种在寒露风出现前能在安全期齐穗。

晚稻品种选用生育期适中，在正常年份能高产、严重寒露风年份也能成熟的当家品种。达到安全齐穗，避过抽穗开花期寒露风。

（二）科学施肥

增施有机肥，采用磷、钾肥配合平衡施肥法，防止氮肥施用过多、过迟，造成生育期推迟，加重寒露风危害。对于长势较弱，回色不好的禾苗，在寒露风入侵前几天，宜适量施氮肥，这样可提高光合作用效率，增强抗性，减少包颈现象。寒露风过后要及时喷施根外肥，可看苗补肥，每公顷叶面喷施磷酸二氢钾 675 克，或者看苗补施尿素 60 千克，可减轻寒露风危害。一般可提高结实率 5%～8%。

（三）灌深水增温

以水调温，以水调湿，改善田间小气候。在寒露风到来时立即灌深水，尽量避免田土散失热量，减缓降温过程，待寒露风害过后逐渐排浅。如果白天气温高，夜间气温低，则采用日排夜灌方法保持田间温度。寒露风入侵前灌 5 厘米以上深水，能提高田面温度 1～3℃，温度较低时做到日排夜灌，增温效果更好。

采用人工叶面喷雾，能有效提高田间温湿度。具体做法是在上午 9 时水稻开花前和下午 3 时水稻收花后，田间人工喷灌，至温度回升时才停止，可减少叶片干枯，防止花粉、柱头干枯而促进授粉。

（四）喷施调节剂

始穗期在寒露风来临前，每公顷喷 15～30 克赤霉素，对水 900 千克，加速抽穗进度，减少包颈现象，可提早齐穗期 3 天左右，可降低空秕率，提高结实率。

第七章

水稻洪涝灾害的防救策略

本章导读：水是稻的命，也是稻的病。洪涝
持续时间越长对水稻生长的影响越大，洪水淹
没时间短期内及时采取措施可以挽救灾害夺
高产。本章介绍了水稻育秧期、分蘖期以及中
后期遭遇涝灾的危害特点及其防救策略。

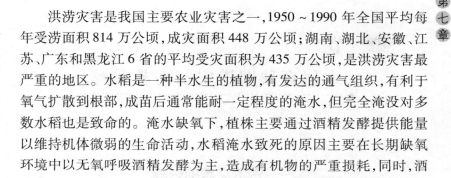

　　洪涝灾害是我国主要农业灾害之一,1950～1990 年全国平均每年受涝面积 814 万公顷,成灾面积 448 万公顷;湖南、湖北、安徽、江苏、广东和黑龙江 6 省的平均受灾面积为 435 万公顷,是洪涝灾害最严重的地区。水稻是一种半水生的植物,有发达的通气组织,有利于氧气扩散到根部,成苗后通常能耐一定程度的淹水,但完全淹没对多数水稻也是致命的。淹水缺氧下,植株主要通过酒精发酵提供能量以维持机体微弱的生命活动,水稻淹水致死的原因主要在长期缺氧环境中以无氧呼吸酒精发酵为主,造成有机物的严重损耗,同时,酒精发酵的终产物酒精、乙醛等有毒物质的积累对植株生长也造成不同程度的损害,从而造成死亡。

　　试验研究表明,早稻遭受淹浸后,生长前期受淹的减产率明显低于生长后期,其原因主要是早稻生长前期的气温低于其生长后期,其中抽穗开花期受淹减产率最高。晚稻遭受淹浸后,生长前期的减产幅度明显高于生长后期,其原因主要是晚稻生长前期的气温高于其生长后期,其中拔节孕穗期的受淹减产率最高。早稻在返青期、分蘖前期及黄熟期受淹颈时,其减产率和最高气温成反比;其他生长阶段受淹颈时,减产率和最高气温成正比。晚稻在黄熟期受淹颈时,其减产率和最高气温成反比;其他生长阶段受淹颈时,减产率和最高气温成正比。水稻受淹颈后,如果水体的降温(或保温)作用使水温靠近水稻的增产温度范围时,水稻减产率变小,或者不减产,甚至增产;反之,使水温偏离水稻的增产温度范围(趋向减产温度范围)时,水稻减产幅度越大。

第一节
水稻育秧期涝灾与防救策略

一、洪涝灾害的影响

我国稻作区主要分布在南方丘陵地带的江河谷地、平原湖区和北方低洼沼泽地带,洪涝灾害在水稻生产季节频繁发生,已成为制约水稻生产的主要生态逆境因子之一。水稻种子在发芽期间受淹,种子内的呼吸以厌氧的糖酵解途径为主,在厌氧条件下贮藏物质转化率低,育秧期洪涝灾害影响主要体现在洪涝淹水对水稻种子萌发有明显的抑制作用,多数水稻品种在淹水下发芽能力变差,因为淹水下物质消耗加剧,同时也影响种胚的活力。淹水下水稻种子发芽率下降,成苗少,同时出苗不整齐,易造成烂秧死苗。育秧期间秧苗淹水过长,秧苗生长细弱,素质差,影响后期水稻产量。

二、洪涝灾害的预警

我国单季稻播种及育秧期主要在4~6月,南方旱稻育秧期主要在3~4月,连作晚稻育秧期在6月中下旬至7月底。南方水稻育秧期极易遇到长期阴雨天气,秧田易发生洪涝淹水,影响育秧质量和秧苗素质。一般水稻种子芽期淹水0.6厘米72小时,对萌发有明显阻碍,且以长胚芽鞘为主,基本不长根;如芽期淹水3厘米以上,会造成大量烂秧现象。另外,秧苗期如果受淹,一般淹水深度超过秧苗高度2/3以上,秧苗素质会明显下降,根系生长受阻,秧苗细小瘦弱,受淹时间越长,水稻秧苗素质越差,而秧苗素质的好坏往往是影响水稻产量的关键所在。

三、水稻育秧期涝灾抗灾减灾的技术措施

(一)选种耐涝品种

在低洼积水田或早期易涝地,种植耐涝水稻品种,减少洪涝灾害对水稻生产影响。

(二)选好秧田

应尽量选择不易发生洪涝灾害的稻田作秧田,前期挖好秧田的排水沟,减少秧田积水,保证出苗整齐。

(三)采取农艺措施,提高秧苗抗逆能力

秧苗期易涝田或低洼田水稻,采用稀播和旱育等农艺措施培育壮秧,提高秧苗的抗逆性。另外,在水稻秧苗 1 叶 1 心期每公顷喷施 0.02% ~0.03% 的多效唑溶液 1 500 千克,可增加水稻单株分蘖数和干物重,促进根系发育,提高水稻秧苗的耐淹涝能力。

(四)突击抢排积水

对受涝积水秧田,要突击排除田间积水,抓好秧田水分管理。在涝害基本稳定后,立即抢排积水,及时露田蹲苗。对受灾较重、苗数不足的田块要及时翻耕,重新补播种子。

第二节
水稻分蘖期涝灾与防救策略

一、洪涝灾害的影响

水稻分蘖期处于植株营养生长阶段,是影响产量的重要时期。此期间水稻分蘖、生根、出叶,水稻植株生长迅速,水稻受淹涝危害主要表现为根系严重缺氧、白根数减少、根系吸收能力下降,从而叶片变黄、绿叶减少、光合面积减少、光合功能受损,进而分蘖受到抑制,生长发育受阻、生育期延长,节间伸长不正常,水稻抗倒伏能力下降,有效穗减少等,从而导致减产甚至绝收。

二、洪涝灾害的预警

我国亚热带区域洪涝灾害在中稻分蘖期和晚稻分蘖期时有发生,洪涝对排水不畅的低洼地区形成危害,如洞庭湖区、江汉平原、鄱阳湖区等堤垸低洼地易受洪涝影响。水稻分蘖期耐淹能力受淹水时间和淹水深度制约,研究表明,淹水后分蘖受到抑制,生长期延迟,叶面积减少,有效分蘖率降低。杂交稻汕优 63 在分蘖期淹没株高的50%、75%和100%达 3 天,分别减产 1.6%、3.2% 和 8.6%,随着淹没时间延长,减产增加。当分蘖期淹没株高的 50%、75%和100%达7 天,分别减产 7.9%、11.8%和28.0%。

三、抗灾减灾的技术措施

（一）选种耐涝品种

在低洼积水田或早期易涝地，种植耐涝水稻品种，减少洪涝灾害对水稻生产的影响。

（二）在水稻前期洪涝发生后及时查苗补苗

由于稻田进水口处的秧苗往往容易被水冲走，若严重发生洪涝，应立即整平稻田，利用原来多余秧苗或采取在未受洪涝田里进行分株的办法，或将缺苗严重稻田里的秧苗集中移栽到一丘田里进行管理，对于洪涝问题突出的田块可根据情况进行补种或改种其他作物。

（三）采取好气灌溉等栽培措施，提高植株耐涝能力

通过好气灌溉、化学调控、充足的氮素基肥等措施可促进水稻早发，增加分蘖数和干物质积累，高钾水平有利于壮秆和增加细胞中糖分的积累，提高水稻的耐涝性。另外，增施硅、钙微肥，在苗期喷施多效唑等均能增加水稻分蘖和干物重，促进根系发育，对提高抗涝能力效果也比较显著。

（四）灾后突击抢排积水，抓好稻田肥水和病虫管理

在涝害基本稳定后，立即抢排积水，对稻株仍有恢复生长可能的田块，及时露田蹲苗，改善土壤理化性状，排除有毒物质，促进水稻根系、叶片和分蘖生长。在阴天气温不高时宜采取一次性排水，直至露田；如遇到高温天气，宜逐步脱水，日灌夜露，先是稻株上部露出水面，白天维持浅水层，夜间脱水调气，有利于恢复生长。由于恢复生长后出生的叶、茎部比较嫩绿，易受病虫危害，要注意抓好病虫害防治。在排水露田的基础上，及时补施适量氮肥和磷、钾肥作恢复肥，以促进水稻群体平稳发展。受淹水稻根系吸收能力弱，不宜一次重追，应坚持少施多次，达到快速恢复稻苗生机，促进分蘖发生，增加苗数和增穗数。一般排水后 5~7 天，每公顷用尿素 150~225 千克，分两次施用。

（五）受灾严重稻田可改种早熟早稻品种或改种旱作物

早熟早稻品种作晚季种植,可实现迟播早熟。旱作物可选择早熟玉米、蔬菜等灾后补种。

第三节
水稻中后期涝灾与防救策略

一、灾害的影响

洪涝灾害对水稻中后期影响较大。水稻孕穗初期处在营养生长与生殖生长并进阶段,植株受淹后,株高生长加快,节间延长,造成茎秆细弱,影响幼穗发育,对水稻产量影响较大;孕穗末期稻株光合作用增强,新陈代谢旺盛,对淹水反应最敏感,受淹后剑叶面积减少,颖花分化受抑制,易导致空秕粒增加,千粒重降低,致使产量下降明显,减产率高;水稻抽穗开花结实阶段,淹水后易造成部分植株含苞不抽,或抽穗而不授粉,影响子粒形成,空秕粒多,千粒重下降,此期减产率仅次于孕穗末期。

二、灾害的预警

我国洪涝灾害多发生在 6~8 月,包括早稻分蘖末期到成熟期和中稻孕穗期,地方各级人民政府和防汛抗旱指挥机构,应根据历史资料,加强掌握易涝地区的降雨、稻田积水情况,加强雨情监测,做好洪涝灾害的预报工作,并按时上报受灾情况。特别注意洞庭湖区、江汉平原、鄱阳湖区等低洼地的水稻中后期洪涝灾害影响。

不同生育期淹水胁迫表明,水稻对淹水影响最敏感的时期是孕穗末期和抽穗期,孕穗初期影响相对少些。汕优 63 孕穗末期受淹50%、75% 和 100% 达 3 天,分别减产 15.6%、31.2% 和 62.8%;抽穗期受淹 3 天则分别减产 7.4%、17.9% 和 69.0%;孕穗初期受淹 3 天则分别减产 4.7%、9.6% 和 12.8%。不同时期一般水稻被淹没的时间越长产量损失越重。乳熟期相对于孕穗期和抽穗期,产量损失较小,但淹没两天以上产量损失也可在 40%~60%。洪水淹没杂交中稻后导致减产的主要原因是结实率极低,其次是死穗造成有效穗下降,最后是千粒重下降(乳熟期受淹)。

三、抗灾减灾的技术措施

(一)选种耐涝品种
在低洼积水田或早期易涝地,种植水稻中后期耐涝品种,减少洪涝灾害对水稻中后期生产影响。

(二)尽快排出积水,及早补施恢复肥
水稻受涝后应及时采取补救措施,突击排除田间积水,抓好水稻中后期水分管理。在涝害基本稳定后,抢排积水。注意后期养老稻,一般在收获前 5 天左右灌一次跑马水。在排水露田的基础上,及时补施适量氮肥和磷、钾肥作恢复肥,促进水稻群体平稳发展。

(三)喷施生长调节剂
生育进程较晚的田块始穗期喷施赤霉素和磷酸二氢钾等生长调节剂,对受淹水稻具有独特作用,每公顷可喷 200 倍磷酸二氢钾溶液900~1 200 千克。在抽穗 20% 时喷赤霉素,可促使抽穗整齐,中下层穗位提高,相对缩短高位穗与中低位穗生育进程,增强光合生产。

(四)水稻受涝后易受病虫危害,注意中后期病虫害防治
受淹稻苗退水后要立即亩用 20% 龙克菌 60 克对水 40 千克均匀喷雾,同时观察田间稻飞虱和稻纵卷叶螟发生情况,同时加入 10% 大

功臣或蚜虱净 20 克均匀喷雾,防治病虫危害。

(五) 割苗蓄留再生稻

对扬花后正在灌浆的田块,待洪水退去 3～7 天后确定能够继续灌浆,结实率达 20% 以上的田块保留,待八成黄后适期早收头季后再蓄留正季再生稻,结实率低于 20% 的则采取割苗蓄留再生稻;而对部分迟播、迟栽田块,淹没时仅在孕穗初期及其之前,洪水退后尚能正常生长的对象田予以保留;对孕穗中期至灌浆始期且淹没在 48 小时以上要采取果断措施割苗蓄留再生稻。

第八章

阴雨天气对水稻的影响及其防救策略

本章导读：秋季天气多变，遇到长期的阴雨寡照天气会影响水稻的正常生长发育，造成减产。本章主要介绍了阴雨寡照天气对水稻分蘖期、穗分化期及灌浆期的影响及防救策略。

我国连阴雨天气多出现在 4 月上旬至 11 月上旬,一般是较大范围的系统性降水天气过程,夏秋季和春季也会出现连阴雨天气。阴雨灾害主要是阴雨寡照给水稻生长发育带来严重影响,阴雨灾害对我国南北稻区的水稻生产都有影响,尤其是水稻分蘖和灌浆结实期。阴雨灾害主要发生在长江流域稻区,又以长江中下游最重,主要发生时段是 5 月上中旬至 7 月中旬的梅雨季节,影响单季稻分蘖和早稻分蘖及灌浆结实;8 月下旬至 9 月中下旬秋季连阴雨,影响单季稻和晚稻抽穗开花、灌浆结实。分蘖期阴雨受害率 20% ~30%;开花灌浆期阴雨双季早稻受害率 20% ~40%,中稻迟熟品种和晚粳稻阴雨受害率 30% ~40%。

第一节
阴雨寡照对分蘖期水稻影响及防救策略

一、阴雨灾害的影响

连阴雨天气对水稻分蘖期的影响主要是阴雨天气带来光照不足,光合作用减弱,碳水化合物积累与转移减少,导致水稻生长延迟,推迟发育,使有效分蘖减少。

二、阴雨灾害的预警

水稻分蘖期连续阴雨达 4 ~5 天或以上造成空气长期潮湿,日照严重不足,出现水稻抽穗困难,生长期延迟,使产量和质量遭受严重影响。应及时采取相应抗灾减灾的技术措施，缓解阴雨灾害影响。

三、抗灾减灾的技术措施

（一）选用适合当地气候的水稻品种

根据品种特性，选择适合分蘖期耐阴雨灾害即耐低温弱光照的品种。也可选用分蘖较强的高产优质品种，减轻分蘖期时阴雨灾害。

（二）改进栽培技术

根据当地水稻生长季节和品种生育特性，应用旱育秧技术，选择适宜的播种期和移栽密度，改善群体小气候条件，促进分蘖早发。

（三）合理灌溉，健壮植株

水稻分蘖期遇到阴雨灾害，可在田间四周和中间开沟排水，改善土壤环境条件，促进根系生长和分蘖发生，以减轻危害程度。

（四）加强田间管理

在肥料管理上，增施有机肥和磷、钾肥，氮、磷、钾配合平衡施肥，促进稻株健壮生长，增强水稻自身的抗灾能力，防止过多、过迟施氮肥。在水稻生长势好的田块尤其要注意控制氮肥用量。此外，应及时控制病虫害。

第二节
阴雨寡照对穗分化期水稻的影响及防救策略

一、阴雨灾害的影响

水稻穗分化期阴雨严重影响了稻穗分化和发育,使花粉发育不良,不孕颖花增多,从而造成空秕粒增加。使穗粒数减少,结实率和千粒重降低。同时易引起水稻茎叶徒长,后期根系早衰,茎叶早枯黄,稻米品质变差。纹枯病、稻瘟病和白叶枯病等病害发生频率增加,危害程度加重。

二、阴雨灾害的预警

水稻穗分化期连续阴雨达 3 天以上造成空气长期潮湿,日照严重不足,出现水稻生长期延迟,抽穗困难,使产量和质量遭受严重影响。应及早做出预警,及时采取相应抗灾减灾的技术措施,缓解水稻穗分化期阴雨灾害影响。

三、抗灾减灾的技术措施

(一)选择适宜的品种和播栽期,使穗分化期能避过阴雨灾害
首先选择耐阴雨的优良品种,其次根据品种特性,确定适宜的播栽期,避过穗分化期阴雨灾害,减轻穗分化期时阴雨灾害危害程度。

（二）选用水稻强化栽培等高产栽培技术

采取适当降低移栽密度的方法，改善群体间小气候条件，配合适宜的田间管理措施，以减轻危害程度。

（三）采取好气灌溉，提高耐阴雨灾害能力

水稻好气灌溉增强水稻穗分化期根系活力和土壤氧化还原电位，遇到阴雨灾害抗性强，及时排除田水改善土壤环境条件，增强根系吸收功能以减轻危害程度。

（四）加强田间管理

在肥料管理上，增施有机肥和磷、钾肥，氮、磷、钾配合平衡施肥以增强水稻自身的抗灾能力，防止过多、过迟施氮肥。在水稻长势好的田块尤其要注意控制氮肥用量。此外，应及时控制病虫害的发生。

第三节
阴雨寡照对灌浆期水稻的影响及防救策略

一、阴雨灾害的影响

长江中下游早稻从开花期到乳熟后期在6月中旬至7月中旬，处在梅雨季节，降水多。单季稻和双季晚稻灌浆结实期在8月下旬至9月中下旬遇秋季连阴雨，影响水稻抽穗开花、灌浆结实。成熟期阴雨使得秕粒增加，部分稻穗霉变，造成产量下降。导致抽穗成熟期推迟，还可能引起倒伏，稻米品质变差。或收后不能及时晾干，引起稻谷霉变，造成丰产不丰收。

二、阴雨灾害的预警

水稻灌浆期连续阴雨达 3 天以上造成空气长期潮湿,日照严重不足,导致水稻生长期延迟,严重影响产量和质量。根据气象预报及时做出灾害预警,采取相应抗灾减灾的技术措施,缓解阴雨灾害影响。

三、抗灾减灾的技术措施

(一)选择适宜的品种

选择适合当地气候特点的水稻品种,根据品种特性选择适宜的播栽期和栽培措施,提高灌浆期抗阴雨灾害的能力。

(二)及时排灌

水稻穗灌浆期遇到阴雨灾害,及时排除田水,改善土壤环境条件,增强根系吸收功能以减轻危害程度。

(三)加强田间管理

在肥料管理上,增施有机肥和磷、钾肥,氮、磷、钾配合平衡施肥以增强水稻本身的抗灾能力,防止过多、过迟施氮肥。在水稻长势好的田块尤其要注意控制氮肥用量。

(四)注意病虫害防治

水稻受阴雨天气后易受病虫危害,可用 20% 龙克菌 60 克对水40 千克均匀喷雾,同时观察田间稻飞虱和稻纵卷叶螟发生情况,可加入 10% 大功臣或蚜虱净 20 克均匀喷雾,防治病虫危害。

第九章

台风对水稻的影响与防救策略

本章导读：台风主要出现在南方沿海地区，强台风会对水稻造成毁灭性的灾害。一般在水稻拔节孕穗以后尤其是开花结实期和灌浆成熟期造成严重影响。

台风是我国沿海地区主要自然灾害之一,其特点不仅风力大,而且常带来强降雨,同时引发风暴潮、江河洪水以及小流域山洪和泥石流、山体滑坡等灾害,且会引发次生灾害,对人民生命财产安全构成严重威胁。台风灾害具有突发性、多发性、周期性和季节性,一般发生时间在 7~9 月。因此,水稻生长季节经常会受到台风的影响,导致水稻倒伏或淹水,严重影响水稻产量,甚至造成绝收。提高抗台防控应急能力,减少台风带来的损失,是水稻抗灾救灾的一个重要内容。

第一节
台风对开花结实期水稻的影响及防救策略

一、台风灾害的影响

水稻开花结实期台风带来大风及暴雨天气造成局部低洼地区受涝严重,导致水稻穗粒数减少。台风造成多阴雨寡照天气降低了水稻光合效率和光合强度,限制了水稻的营养生长,并对后期大穗的形成造成不利的影响。台风带来的大风使水稻倒伏严重,台风还可能带来低温导致水稻早衰。此外,台风还使飞虱等病虫害严重发生。

二、台风灾害的预警

台风带来狂风暴雨,引起洪涝灾害,冲毁稻田,淹没水稻,破坏田间沟渠等设施,植株倒伏,灾后病虫害蔓延,对农作物造成极大的危害。台风对水稻开花结实期的危害主要表现在叶片受损、植株生长不良、影响抽穗扬花和灌浆，灾后病虫危害重。当台风造成水稻植株弯曲两周以上水稻产量减少 50%，水稻在灌浆中期倒伏后，空秕粒增加，千粒重减少，产量减少 15% 左右。根据天气预报及时做出台风预警，落实台风抗灾减灾的技术措施。

三、抗灾减灾的技术措施

（一）选择抗倒伏品种

在我国东南沿海一带，水稻生长期间常受台风影响，应该选用根系发达、分蘖力强、植株较矮健品种，增强抵御台风倒伏风险的能力。

（二）采用水稻稳产高产栽培措施

首先，要重视水浆管理，前期搁田到位。其次，要合理施肥，后期穗肥追施适宜。直播稻播种量不宜过大，健壮个体生长。第三，及时防治病虫，减轻飞虱和纹枯病等发生。

（三）加强台风过后的管理

因台风受涝田块，灾后要及早排水，并冲洗水稻叶片上的泥浆，以恢复叶片正常的光合机能，促进植株恢复生长。灾后追肥一般在退水后 3～5 天，可采用根外追肥，用喷施灵、磷酸二氢钾或尿素液等进行叶面喷施。加强水稻后期的田间管理，增强防灾意识，做好台风等气象灾害的防御工作。

（四）倒伏水稻管理

及时扶理倒伏的水稻，使水稻尽快恢复生长。同时台风外围影响后的高温高湿天气极易引发各种病害，应根据当地病虫情报，及时防治病害。灾后如遇高温晴热天气，避免一次性排尽田水，而要保留田间 3 厘米左右水层，防止高强度的叶面蒸发导致植株生理失水而枯死。

第二节
台风对灌浆成熟期水稻的影响及防救策略

一、台风灾害的影响

台风对水稻的影响主要发生在穗形成期、开花期和成熟期,影响较大的是开花期和成熟期。开花期台风引起水稻颖花结实率下降,成熟期台风引起水稻倒伏及台风过后的低温导致结实率和千粒重下降,特别是籼稻还造成子粒穗上发芽,造成产量下降,品质变差,对杂交稻制种田引起种子质量下降。

此外,台风还带来洪涝灾害,容易引发水稻细菌性病害,以及稻飞虱、纵卷叶螟等害虫危害。

二、台风灾害的预警

我国东南沿海水稻生长季节常常遇到台风影响,7~9月是台风大发生季节。台风危害比较严重的是我国华南稻区的广东、福建和广西的部分地区,长江中下游的浙江、江苏、江西、安徽、湖南和湖北等地。台风多带来狂风暴雨引起洪涝灾害,对成熟期水稻的危害主要是叶片受损和倒伏、穗上发芽重、收割进度推迟。根据天气预报及时做好台风预警,落实台风抗灾减灾的技术措施。

三、抗灾减灾的技术措施

（一）积极组织抢收，做到水稻成熟一块抢收一块

在台风高发区密切关注天气变化，广泛宣传，深入发动，紧急动员，引导农民抓晴天乘雨隙，宁早勿晚组织抢收，能快不慢，抢字当头。要充分发挥农机专业合作社的桥梁作用，迅速组织收割机下乡帮助农民抢收水稻，实现机械化收割作业，做到成熟一块收割一块，精打细收，严防霉变，大大加快抢收进度，最大限度地减少台风损失，确保颗粒归仓。

（二）台风过后，天气适合的情况下倒伏田块尽量早收

台风过后受涝田块，灾后要及早排水。对倒伏田块，植株往往相互压盖，影响光合作用，有条件的农户对成熟较迟的倒伏田块可以在倒伏后及时扶起，增强抗倒减损。收割倒伏水稻时，割台降至适宜高度，并正确选择收割方向进行收割。

（三）水稻成熟初期倒伏，倒伏后及时扶起

可采用化控措施，增施叶面肥，增强植株生活力，防早衰。在栽培上采用宽行稀植，注意及时晒田，追施钾肥，还要加强对病虫害的防治。尤其是水稻纹枯病和稻飞虱的预防。

第十章

暴雨灾害对水稻的影响与防救策略

本章导读： 夏季暴雨是常见的灾害天气，这种天气常伴随有大风和低温，因此会造成复合型的影响，包括风灾、水灾和低温冷害。应注意采取综合措施挽救暴雨灾害的危害，尤其重视抽穗扬花及灌浆成熟期的影响与防救策略。

根据气象部门规定,日雨量≥50毫米的降雨日称为暴雨日,其中日雨量50~99.9毫米为暴雨,100~249.9毫米为大暴雨,≥250毫米为特大暴雨。我国南方稻区的降雨主要集中在4~7月,特别是6月下旬至7月上中旬的梅雨季降水更为集中。我国长江流域稻区水稻的雨涝灾害,主要发生在分蘖期间的梅雨季节,或者是台风暴雨期间,它使稻株的生理代谢功能失调,光合生产量下降,茎蘖数减少,有效穗数严重不足,或是小穗增多,致使水稻生育期延迟,穗花期又易受到低温危害,造成水稻减产。

2008年5~6月暴雨主要出现于华南、江南地区,7~8月暴雨频发,北方暴雨明显增多,5~9月有8次台风(或热带风暴)在我国登陆,台风暴雨过程十分突出,但除华南出现区域性洪涝灾害外,其他稻区未出现大的流域性洪灾。2009年6月底7月初,长江中下游稻区、华南稻区和西南东部稻区都出现较大范围强降雨,降水量比常年同期偏多2~4倍。强暴雨中心过程雨量达200~300毫米,其余在100~200毫米。其中,长江中下游稻区受灾区主要包括湖南、江西、湖北、安徽及江苏。华南稻区主要发生在广西,农作物受灾面积达57.3千公顷,其中成灾39.22千公顷,绝收6.3千公顷。西南东部稻区受灾主要在贵州和重庆。强降雨对水稻生产的影响较大,研究田间暴雨灾害的发生规律和防控对策,对于有效防范水稻暴雨灾害较为重要。

第一节
暴雨灾害对育苗期水稻的影响与防救策略

一、暴雨灾害的影响

暴雨和连续性暴雨对农业生产影响较大。连续暴雨,极易导致农田内涝积水,土壤冲刷严重,农作物受害。如果出现连续大暴雨或特大暴雨,还会造成大范围的洪涝灾害,重则山洪爆发,江河泛滥,水库坍塌。暴雨对育秧期水稻影响主要体现在暴雨袭击,除了对刚播种的秧田造成种子外露、移位,引起种子堆积和不均匀,影响发芽和成苗,且易受雀害外,还对已出的幼嫩秧苗造成机械性损伤,影响生长。此外暴雨引起的洪涝对种子萌发有影响,淹水下水稻种子发芽率下降,成苗少,同时出苗不整齐,易造成烂秧死苗。同时育秧期间秧苗淹水过长,秧苗生长细弱,素质差,影响后期水稻产量。

二、暴雨灾害的预警

我国单季稻播种及育秧期主要在 4 ~ 6 月,直播稻播种期在 6 月上旬,南方早稻育秧期主要在 3 ~ 4 月,连作晚稻育秧期在 6 月中下旬至 7 月底。南方水稻育秧期极易遇到暴雨,并伴随发生洪涝灾害。因此,地方各级人民政府和防汛抗旱指挥机构,应根据历史资料,加强雨情监测,做好暴雨灾害的预报工作,及时采取防灾减灾技术措施,减少灾害造成的损失。

三、抗灾减灾的技术措施

（一）选好秧田

应尽量选择不易发生洪涝灾害的稻田作秧田,前期挖好秧田的排水沟,减少秧田积水,保证水稻齐苗匀苗。

（二）秧田覆盖薄膜

对刚播种的秧田做好薄膜覆盖,减少暴雨对种子发芽的影响或对直播种子的冲击。

（三）采取农艺措施，提高秧苗抗逆能力

秧苗期易涝田或低洼田水稻育秧采用稀播和旱育等农艺措施,培育壮秧,提高秧苗的抗逆性。同时苗期喷施烯(多)效唑等增加水稻单株分蘖数和干物重,促进根系发育,提高水稻秧苗的耐淹能力。

（四）灌深水护种护苗

在暴雨来临前,秧田灌 6～8 厘米的深水护种护苗,减少暴雨影响,但暴雨过后要及时排水。对暴雨淹涝积水的秧田,暴雨结束后要及时排除田间积水,抓好秧田水分管理。在涝害基本稳定后,立即抢排积水,及时露田蹲苗。

第二节
暴雨灾害对抽穗扬花期水稻的影响与防救策略

一、暴雨灾害的影响

暴雨除了对水稻生产造成直接损害外,如暴雨引发山洪灾害,冲毁大量农田及田间沟、渠、路等农田基本设施,或直接冲毁田间栽植的水稻,对田间种植水稻造成毁灭性损失。暴雨及其伴随的狂风,还可能对水稻叶片及茎秆组织产生机械冲击和破坏,直接损伤幼嫩的农作物组织;另外,我国南方省份 5～6 月已处于春末夏初时节,暴雨转晴后常常紧随着日出暴晒天气,雨后炽热的初夏阳光极易灼伤田间幼嫩的水稻叶、茎和花器组织,造成大量伤口。大量伤口的存在极易引发田间农作物各种病害的发生流行,从而导致更大的产量损失。同时,暴雨也常常造成田间严重涝害,农作物严重受淹,田间淹水导致水稻根系缺氧,许多受涝水稻因"生理饥饿"而表现黄叶、丛枝(如稻株的高位分蘖)或赤枯等畸形现象,水稻受害程度因浸水时间、浸水深度和淹水时温度高低的不同而不同,温度高时因作物呼吸旺盛,需氧多而受害更重。此外,土壤在长时间淹水缺氧的条件下,土壤中嫌气微生物活跃,会产生一系列还原产物,如硫化氢、氧化亚铁,以及醋酸和乳酸等有机酸,直接毒害水稻根部。水稻分蘖期耐涝性较强,这个时期因降水量问题造成水稻受淹,只要及时排水,加强管理,一般可以恢复生机,并获得一定的产量。但强降雨如果造成水稻淹水没顶后,光合作用和呼吸作用受到抑制,造成生理性障碍,使稻株器官受到严重创伤,甚至死苗。水稻被淹没后,根系呈水渍状,根的活力急剧下降,新根数锐减,黑根和黄根所占比例上升。叶色变暗,并趋于死亡,抑制了分蘖的生长,甚至造成分蘖和主茎死亡,严重的全部死亡,田间出现缺穴现象。

二、暴雨灾害预警

我国南方稻区暴雨主要集中在 5~6 月,另外,还有水稻生长季节因台风引起的无规律性强暴雨,此期间包括早稻分蘖、幼穗发育和抽穗开花期,以及单季稻分蘖发生的时期,是决定早稻穗数、穗粒数和结实率,以及单季稻穗数的关键时期,这时遭受强大的暴雨或连续性暴雨袭击,对水稻生产影响较大。

三、抗灾减灾的技术措施

(一)暴雨预报,合理布局

加强暴雨预警系统,提高预报准确率和加强暴雨预报服务。根据各地气候特点,确定南方早稻合理的种植季节,科学搭配品种,使早稻抽穗扬花期避过暴雨,促进早稻稳产高产。

(二)种植耐涝水稻品种,及时排水

种植耐涝性强的水稻品种,减少洪涝灾害对水稻生产的影响。对暴雨积水稻田,暴雨结束后要突击排除田间积水,抓好稻田水分管理。暴雨水涝发生过后,要利用退水清洗植株及露田蹲苗,在排水露田的基础上,及时补施适量氮肥和磷、钾肥作恢复肥。提高土壤养分供应能力,以促进新分蘖的发生,增施保花肥,以减少小花退化,提高结实率。出水后加强水稻病虫害综合防治。水稻受涝后,由于叶片损伤,增加了感病的机会,特别是白叶枯病,受涝后往往危害严重,纹枯病也呈重度发生。为此,要及时用药防治,尽早封锁白叶枯病的发病中心,防治药剂可选用叶青双、消菌灵等;纹枯病防治可选用井冈霉素等药剂。同时受淹水稻恢复生长后出生的叶片和分蘖较嫩绿,

也易遭受稻飞虱、稻纵卷叶螟、三化螟等危害,退水后所有水稻田块待长出一张新叶,结合喷肥进行一次防病治虫。

第三节
暴雨灾害对抽穗至成熟期水稻的影响与防救策略

一、暴雨灾害的影响

水稻抽穗开花期遭受暴雨的袭击,严重影响颖花授粉受精的正常进行,使受精的子房停止发育而成秕粒,或不受精而成空粒,造成"雨打禾花,花而不实"。谷壳遭受暴雨损伤会导致贮藏机能降低而出现大量碎米。试验研究表明,一次持续 2 ~ 3 天的暴雨过程,对正在抽穗开花的水稻,可造成 5% ~ 10% 的产量损失。此外,成熟后期遭受台风和暴雨,对水稻生产影响也较大。暴雨极易造成水稻倒伏,对水稻的灌浆结实带来很大影响,且给收割脱粒带来不便,出现落粒、穗发芽现象。

二、暴雨灾害的预警

水稻抽穗开花后遭受强大的暴雨或连续性暴雨袭击,对水稻生产影响较大。因此,应根据历史资料,加强台风和暴雨的监测,做好暴雨灾害的预报工作,减少灾害造成的损失。

三、抗灾减灾的技术措施

（一）加强台风和暴雨的监测

做好暴雨预报预警系统,提高预报准确率。

（二）排除田间积水

对暴雨淹涝积水稻田,暴雨结束后突击排除田间积水,抓好中后期水分管理。

（三）扶持稻株

生长后期遭遇台风暴雨造成倒伏后,采用扎把扶持、竹竿挑扶等应变技术措施减少水稻产量损失,减少倒伏和穗发芽。

（四）病虫害防治

灾后水稻的抵抗能力较弱,应加强病虫害的防治。防治纹枯病,每亩用40%井冈霉素水剂80～100毫升对水30千克喷雾;防治稻瘟病,每亩用45%三环唑可湿性粉剂100克对水30～50千克,均匀喷雾。一般施药2～3次,间隔7～10天。防治螟虫,每亩用20%三唑磷乳油100～150毫升对水30～50千克或用90%杀虫单可湿性粉剂40～60克,对水30～40千克均匀喷雾;防治稻飞虱,每亩用20克20%扑虱灵可湿性粉剂,对水15～20千克均匀喷雾。

（五）适时补充肥料

在水稻齐穗后,对那些生长势中下的缺肥稻田,酌情施用粒肥,也可以用磷酸二氢钾进行叶面施肥,每公顷喷施0.5%磷酸二氢钾溶液750～1 050千克。以维持较大光合面积,提高光合效率,尽可能提高结实率和千粒重,降低阴雨对水稻结实的影响。

第十一章

冰雹对水稻的危害与防救策略

本章导读：冰雹是突发性的灾害天气，一般
年份不会发生冰雹灾害。在发生冰雹灾害时，
应根据水稻的不同生育时期，采取不同的挽救
措施，把灾害影响降低到最小。

冰雹是在强对流性大气控制下,积雨云中凝结生成的冰块从空中降落。冰雹是中国严重灾害之一。除广东、湖南、湖北、福建、江西等地区冰雹较少外,各地每年都会受到不同程度的雹灾。尤其是北方的山区及丘陵地区,地形复杂,天气多变,冰雹多,受害重,对农业危害很大,猛烈的冰雹打毁庄稼,损坏房屋,人被砸伤、牲畜被打死的情况也常常发生。如贵州 1997 年主要的气象灾害冰雹,全年出现降雹日 53 个,最早 1 月 22 日,最晚 12 月 22 日;二是伏旱,7 月下旬到 8 月底,发生中级旱有 28 个县,轻级旱有 43 个县,农业损失 1.43 亿元。冰雹危害的主要特征是范围小,突发性强、破坏力大,常常给国民经济、人身安全、农牧业、工矿企业、电信、交通运输带来严重危害。在我国冰雹灾害造成的经济损失每年平均达 20 亿元以上,占主要自然灾害损失的 4%。

第一节

冰雹灾害对水稻的影响

冰雹在水稻生产季节频繁发生,从水稻育秧直至水稻成熟期间,均受到冰雹的威胁,给水稻生产造成了极大的危害。

冰雹对水稻影响主要是砸伤水稻叶片、茎秆和颖花,导致水稻损叶、折秆、脱粒而减产。因降雹常伴有狂风暴雨还容易造成水稻大面积倒伏,水稻在苗期遭受冰雹危害后,会使秧苗受伤而不能正常生长,若秧苗被砸伤过重,则需重新播种而延误农事季节。水稻在灌浆期遭受冰雹袭击,会直接影响并阻碍正常灌浆成熟而造成严重减产和品质变劣,成熟期遭受冰雹袭击还会形成严重脱粒现象而导致大幅度减产。此外,降雹之前,常有高温闷热天气出现,降冰雹后气温骤降,前后温差可达7~10℃。剧烈的降温使水稻生长遭受不同程度的冷害,使水稻伤口组织坏死,再生恢复慢,少数降雹过程有局部洪水灾害等。

第二节
水稻冰雹灾害的预警

冰雹突发性强、生命史短,一旦发生,猝不及防。水稻生产中后期是台风、暴雨、冰雹等自然灾害频发期,各地要立足抗大灾、抗多灾,及早做好抗灾救灾预案,防患于未然。要密切关注气象变化,及时了解局部性和区域性灾害发生趋势,提前做好预防工作。因此,必须加强对冰雹的监测和预报预警,尽可能提高预报时效,采取紧急措施。及时组织人工防雹,最大限度地减轻雹灾损失。根据冰雹发生的时期、冰雹灾害的程度及时做出冰雹雨预警,在突发冰雹灾害后,应立即恢复生产自救,采取相应的应对技术措施。

第三节
水稻冰雹灾害防救策略

一、水稻育秧期发生雹灾

☞ 如果受损较轻,可加强秧田(床)保温措施,地膜被冰雹打烂的要迅速换上新膜,并坚持勤覆膜和揭膜。

☞ 理顺厢沟,扶正秧苗,及时追肥,合理控水。

☞ 在秧苗恢复正常生长后叶面追施 1% ~2% 磷酸二氢钾,精细管理,培育壮苗,提高成秧率,便于以后移栽时有充足的高素质秧苗用于移栽和受灾地区秧苗调剂。

☞ 加强秧床的病害防治,由于冰雹冷害的袭击,会加快和加重秧苗病害的发生,特别是旱育秧床,在温度回升后可能会出现部分秧苗青枯、立枯死苗现象,要喷施敌克松 2 ~ 3 克/米^2 的稀释液或 3% 广枯灵 900 ~1 000 倍液。如果冰雹灾害发生较重,及时补育水稻秧苗。

二、水稻分蘖前期发生雹灾

如果受损较轻,应及时扶正稻株,查苗补缺,排水露田、提高土温,并施用速效氮肥,如尿素 75 千克/公顷,促进分蘖早生快发,以弥补部分稻株受损、群体苗数的不足,以蘖代苗,提高有效分蘖数量,保证有效穗数,一般也能获得较高的水稻产量。如果在大田移栽后不久遇重雹危害,应根据当地光、热、水资源条件,抢时补种早熟水稻品种。

三、水稻分蘖中后期发生雹灾

此时,如果冰雹造成严重灾害,可改种秋玉米、蔬菜、秋马铃薯、秋甘薯、秋豆类等其他作物,尽量弥补灾害损失。

四、水稻孕穗期发生雹灾

如果受到轻雹危害、受灾不严重的稻田,冰雹后应及时扶正稻株,保持浅水灌溉,及时在幼穗分化前期施用促花肥,在孕穗前期看苗施用保花肥,以促进水稻大穗、稳定产量,肥料选用尿素和氯化钾,用量根据水稻长势长相而定,一般两次用肥量为尿素、氯化钾各75～150 千克/公顷,以大穗保水稻高产、稳产。在受到重雹危害,当稻桩未受到严重影响的情况下,可割去稻株上部、保留 20～30 厘米稻桩,蓄留再生稻,割后及时施用尿素 225～300 千克/公顷、氯化钾 75 千克/公顷作促芽肥,在再生稻苗期,施用尿素 150 千克/公顷左右作长苗肥,并加强再生稻水分和病虫害管理,力争再生稻高产。

五、水稻开花结实期发生雹灾

如果受雹灾较轻、受损不严重的稻田,冰雹后应及时扶正稻株,浅水灌溉,确保抽穗扬花正常和结实率的提高。在灌浆结实期要保持干湿交替灌溉,看苗施用尿素或磷酸二氢钾作粒肥,以养根保叶、促进子粒灌浆,提高结实率和粒重。在受到重雹危害,如果稻桩未受到严重影响,可割去稻株上部、保留 20～30 厘米稻桩,蓄留再生稻,割后及时施用尿素 225～300 千克/公顷、氯化钾 75 千克/公顷作促芽肥,在再生稻苗期,施用尿素 150 千克/公顷左右作长苗肥,并加强再生稻水分和病虫害管理,力争再生稻高产。

第十二章

水稻倒伏及防范措施

本章导读：倒伏是当今水稻追求高产再高产过程中不可忽视的重要问题，解决高产水稻的倒伏问题，要采取综合的措施，包括品种选择、种植方式、肥水管理以及化控措施等。

近年来,随着水稻产量水平的不断提高,尤其是超级稻品种的推广,水稻倒伏问题越来越受到稻作区农民的关注。根据水稻倒伏的时期和倒伏的程度不同,造成水稻减产幅度为 10% ~40% 不等。水稻倒伏不仅降低产量而且降低稻米品质,并给收割带来困难,增加收割成本。水稻倒伏多发生在抽穗后,尤其在谷粒灌浆期最易发生。倒伏不仅影响水稻产量和品质,而且收获费工费时,严重制约了水稻种植效益。因此,水稻倒伏越来越引起农业技术推广工作者的关注和广大种粮农民的高度重视。

第一节

水稻倒伏的成因及类型

一、水稻倒伏的成因

水稻倒伏主要发生在灌浆后期,此时大部分光合产物和茎秆、叶鞘中贮藏的同化物向子粒中转移,水稻的茎秆由于营养不足,导致支持力降低,机械强度降低,从而引起倒伏。同时,栽培措施不当导致水稻植株个体发育不良或根系发育不正常,以及大风、大雨等自然灾害和病虫害也会引起水稻倒伏。

二、水稻倒伏的类型

水稻倒伏按形成原因可分为内因导致的倒伏和外因导致的倒伏。

（一）内因导致的倒伏

1. 根倒

根倒是由于水稻根系发育不良，发根较少，扎根浅，根部支持力差，稍受风雨侵袭，就容易发生扭转状而平地倒伏。多发生在田脚较深的黏泥田、直播田。

2. 茎倒

茎倒是由于茎秆基部细胞纤维素含量少，细胞壁变薄，细胞间隙大，组织结构松软，茎秆不壮，负担不起上部的重量，产生不同程度倒伏。

（1）茎呈挫折状态倒伏　即作用于茎秆的负荷超过茎秆抗折强度时发生，如穗和茎叶过重、强风暴雨作用易引起地上部茎秆折断。

（2）茎秆呈弯曲状态倒伏　当穗和茎叶的重量作用于茎秆的负荷尚未达到使茎秆折断的强度，但在风雨作用下形成弯曲状态。

（二）外因导致的倒伏

主要有栽培措施不当、水肥管理不当、病虫害防治不及时引起的倒伏，以及台风、暴雨等自然灾害引起的倒伏。

第二节

影响水稻倒伏的因素

影响水稻倒伏的因素有很多，包括水稻品种本身的基因型、株高、穗的大小、千粒重、茎粗、茎基部的伸长情况、茎结构、根系生长情况，以及种植密度、群体大小、施肥方法、肥料配方、田间管水、病虫防治等栽培措施，还有大风、大雨等自然灾害也会影响水稻的倒伏。总体来说，影响水稻倒伏的因子可分为 4 类：品种因素、生理因素、栽培因素、环境因素。

一、品种因素

水稻本身的生理性状和遗传因素对倒伏起着决定性影响。水稻直立穗型品种育成推广以来，抗倒伏性明显增强。徐正进等（2004）研究了水稻穗型与抗倒伏性之间的关系，结果表明：弯矩增大和重心升高，抗倒伏性降低；反之，则抗倒伏性升高。弯曲穗型弯矩增加的幅度大而重心降低的幅度小，对抗倒伏性的影响明显大于直立穗型。都兴林等（2004）对直立穗型水稻品种与抗倒伏关系进行了研究，结果证明，水稻直立穗型较弯曲穗型更有利于抗倒伏。

二、生理因素

水稻茎秆的机械强度在抗倒过程中起着重要作用，叶片光合生产能力影响作物茎秆碳水化合物的积累与运转，从而影响茎秆的形态建成和机械强度。此外，水稻茎秆的壁厚、组成成分干物质含量和可溶性糖含量也会影响抗倒性。杨惠杰等（2000）研究表明，水稻茎秆抗倒伏能力与茎鞘干物质量的高低有密切关系，齐穗后随着谷粒的灌浆，茎鞘物质源源输出，转运到穗部，干物质逐渐减少，茎秆的抗折力逐渐降低，倒伏指数逐渐提高，它们之间呈极显著的直线相关关系。

三、栽培因素

（一）种植密度与群体结构

秧苗素质差，栽插方式不当。"秧好半成稻"。水稻育秧中技术不规范,如播种过密、肥水运筹不当、病虫防控不到位,造成秧苗细长不带分蘖,这种秧苗栽到大田后很难形成大分蘖和壮分蘖,整个群体不健壮。农民栽秧时"乱插棵",水稻封闭行后通风透光差,不利于水稻健康生长,易倒伏。许多研究表明,如果种植密度过高,基本苗过多,易造成群体过大,个体发育差,中期易发生倒伏。费宝泉等(2004)对水稻倒伏情况调查表明,发生倒伏田块群个体生长发育不协调,群体偏大,个体发育不良,倒伏田块的有效穗比不倒伏的多54.6万/公顷。

(二)施肥方法与肥料组成

施肥方法、肥料组成都可以影响水稻的倒伏。氮肥,特别是无机氮的施用量过高容易引起水稻倒伏。施肥上重氮肥轻磷、钾,不重视配方施肥和平衡施肥,大多数都采取"一轰头"方法,造成水稻前期生长旺后期脱肥早衰。多施有机肥,增施硅肥、钾肥可以防止水稻倒伏的发生。硅和钾能促使植物厚壁细胞木质化和硅质化,厚角组织细胞加厚,角质发育以及纤维含量增加。因此,充足的硅、钾营养,会使植株茎秆粗壮,强度增大,机械性能改善,抗倒伏能力提高。杨长明等(2004)研究表明,有机无机肥配施,特别是秸秆与化肥配施养分模式可明显提高水稻植株茎秆粗度、茎壁厚度和茎重,从而有效提高基部茎秆的抗折力,明显提高了水稻的抗倒伏能力。郭玉华等(2003)研究表明,施氮量减少一半,主茎的基节断面模数比高氮肥区略有减小,弯曲应力则显著增大,基节的折断弯矩也明显增高。陈斌等(2000)调查发现倒伏田块无机氮的投入量平均每公顷投入300.75千克,未倒伏田块只有262.95千克,两者差异极显著。刘立军等(2002)对旱种水稻的倒伏研究表明,施用硅、钾肥明显降低了旱种水稻的倒伏率,提高了粒重和结实率,使产量显著高于对照。在施肥方法方面,许多研究表明施足基肥,少施穗肥,减少追肥次数可以降低倒伏发生的可能性。唐拴虎等(2004)研究表明,一次性全层施肥特别是控释肥一次施用能极显著增加根系干重与体积,平均比分次施肥处理增加22.05%和26.41%,同时,增加了下层根系的分布比例,增大了根深指数,有助于增强根系的固持力，提高水稻抗倒伏的能力。

（三）水分管理

田间水分管理模式对水稻倒伏的影响也很显著。许多调查表明，水稻分蘖后期排水搁田的质量好坏，对水稻的倒伏有很大影响。烤田是水稻生产一个重要环节，烤田是促进根系生长和下扎，控制无效分蘖，改变田间小气候的重要措施，但在实际生产中，农民往往烤田不及时，不能很好掌握烤田程度，不是早就是迟，需要重烤的田块没重烤，需要轻搁的田块没轻搁，烤田效果不明显。田间断水过早，水稻蜡熟前排水，造成缺水早衰。此外，水稻灌浆后期及时晒田也可以有效防止倒伏的发生。陈斌等（2000）调查发现，62.2%的未倒伏田块分蘖后期搁田质量较高，田块板结已有裂缝；随着折实倒伏率的增加，搁田质量好的倒伏率下降，倒伏率达60%以上的田块，田块烂而陷脚，田中有积水。杨长明等（2004）对水稻水分管理模式研究表明，干湿交替和控水模式配合较合理的施肥措施可以提高水稻茎秆的硅、钾含量，从而提高水稻基部茎秆茎壁厚度、茎重和抗折力并有效防止倒伏的发生。

四、环境因素

台风、暴雨等自然灾害是导致水稻倒伏的重要原因而且会导致倒伏大面积发生。陈斌等（2000）调查发现，由台风引起的倒伏占总调查面积的4.9%，倒伏率为25%～100%。由暴雨引起的倒伏占总调查面积的52.6%，倒伏率为2%～100%，比台风引起的倒伏更严重。

第三节
防止水稻倒伏的措施 ▶

　　通过对水稻倒伏的成因及影响因素的分析，我们可以总结出防止或减轻水稻倒伏的措施，减小倒伏对水稻产量和品质产生的影响。

一、选育和推广抗倒伏品种

　　水稻品种间的抗倒伏能力有着显著的差异，在水稻生产中特别是在高肥力高产量的地块要注意选用抗倒伏能力强的品种。选育抗倒性强的水稻品种是防止水稻倒伏的基础。水稻基部 1、2 节伸长节间粗度、干物质重与植株抗倒伏能力呈正相关，基部节间长与植株的抗倒伏能力呈显著负相关，基部伸长节间长和干物质量少的品种易发生倒伏。因此，在通过增加株高来获得生物产量突破的水稻超高产育种和栽培中，完全有可能在改善茎秆基部性状的基础上使株高与植株抗倒伏能力实现统一。

　　选择抗倒伏水稻品种，调整水稻品种结构，扬长避短，减灾避灾。应选择株高适当、株型紧凑、茎秆粗壮、叶片上挺的高产优质水稻品种，增强抗倒伏能力。江淮地区为了避免中籼稻受 8 ~ 9 月灾害天气造成倒伏的损失，调整水稻种植结构，发展粳稻生产，避开水稻穗期受不良天气危害。改种粳稻是水稻栽培上抗倒伏最为有效的措施，一是可以避灾，二是能充分利用光能地力（一年两熟光温有余，因粳稻生育期相对长一些），三是提高水稻产量水平和稻米品质（粳稻生长期长,光合产物积累多),四是增加农民收入。

二、栽培措施

（一）适期播种

根据抽穗期的要求，结合各地不同的气候特点和接茬季节确定合理的播种时间，抽穗时间宜在昼夜温差大的季节。同时抽穗扬花期应尽量避开各种自然灾害发生频繁的时间，尽量减少自然灾害造成的倒伏。

（二）合理密植

水稻群体过大容易引起倒伏，因此在生产上，稀植技术由于其对水稻提高产量和抗倒伏的积极作用而得到推广。稀植可导致构成茎秆物质的数量增加，一般认为稀植由于可以改善个体发育环境，增强茎秆强度，从而有利于提高抗倒能力。但不同品种的茎秆材料学特性对稀植的反应存在明显差异，郭玉华等（2003）研究认为，仅就提高茎秆抗倒性而言，稀植并非适用于所有品种，尤其不适用于分蘖力很强的品种，在推广稀植技术中应强调良法与品种的特性相结合。

（三）平衡施肥

施肥措施对构成茎秆材料的量与质有很大影响，低氮处理使茎秆材质强度增加，从而加强水稻的抗倒性。在生产上，防止倒伏的合理施肥措施应该是：有机肥与无机肥配合使用，减少和控制无机氮肥的施用量，防止水稻植株生长过旺造成虚长，适当增施硅肥和钾肥，增加水稻茎秆的机械强度；在施肥方法方面，采用一次性全层施肥技术，同时尽量减少追肥的次数。

（四）科学管水

在田间管水方面，应采取干湿交替的灌溉模式，在分蘖后期适时搁田，减少无效分蘖，保证水稻根系正常生长；灌浆后期及时晒田，干湿交替，防止倒伏。

三、化控防止倒伏

在水稻生长过程中，可以喷施化学药品来防止水稻植株基部第一、二节过度生长，从而减少水稻倒伏。水稻秧苗 1 叶 1 心时用浓度为 0.03% 的多效唑液喷雾一次促秧苗矮壮；拔节期喷施 0.005% 的烯效唑，缩短水稻植株基部节间距，增强茎秆抗倒性。

第四节
解决水稻株高、生物产量与抗倒伏的矛盾

在与抗倒性有关的诸多因素中，株高是最重要的因素。根据材料力学原理，茎秆的抗折断力与株高的平方成反比，显然降低株高是提高水稻抗倒性的重要途径。已有的研究成果表明，当水稻产量达到一定程度以后，进一步高产必须首先在生物产量上有所突破，而获得生物产量突破的重要途径之一是增加株高。这种在水稻育种上由高秆到矮秆再到高秆的回归，又重新带来倒伏的危险。如何做到株高与抗倒性的平衡是近年来水稻育种的热点也是难点。

马均等(2004)对重穗型水稻植株的抗倒伏能力进行了研究，结果表明，重穗型水稻品种单穗重大、产量高与其株高的适当增加密切相关；由于单穗重和株高的增加，弯曲力矩加大，但茎秆抗折力也明显提高，故而其茎秆抗倒伏能力并未降低。

重穗型品种茎秆抗折力增强的主要原因是

☞ 株高的增加主要在上部第一、二节间，基部第四、五、六节间变化很小。

☞ 基部各节间横切面积和茎壁厚度均有明显的增加，且茎、鞘干重也大，茎秆的充实程度良好。

☞ 茎壁机械组织厚度大，表皮细胞壁厚、层数多、厚度大且木质化、纤维化程度高，茎秆中维管束数目、面积也明显增多、增大。

因此，实现水稻品种的株高与抗倒性兼顾是可行的，选育株高适当提高，但主要是增加上部第一、二、三节间的长度，基部节间短而粗壮，表皮坚硬，茎秆机械组织发达，维管束数目多、面积大，茎秆坚韧性强的重穗型水稻品种；在栽培技术上要注意适当控制群体，保证水稻个体健壮，促进根系生长；在肥水控制方面应注意控制氮肥，特别是无机氮的施用量，多施有机肥，并增施适量的钾肥和硅肥，以提高水稻茎秆的抗倒性，在分蘖后期做好排水搁田，灌浆后期及时晒田，同时积极防治病虫害。

第十三章

水稻缺素症状的诊断及防治

本章导读：水稻的正常生长发育需要多种营养元素的供应及平衡，缺乏一种营养元素就会出现不同特点的缺素症状，影响水稻生长发育。根据不同的缺素症状能诊断出缺乏的元素，及时采取措施，确保水稻高产。

稻株体内各种营养元素有一个合适的界限,过剩或缺乏均能引起生育不良,甚至发生生理病害。植株营养状况可以从生态上或生理上进行诊断,即称为营养诊断。

第一节
水稻缺氮的诊断及防治

一、症状

水稻缺氮植株发黄,矮小,分蘖少,叶片小,呈黄绿色,成熟提早。缺氮症状首先出现在主茎的下位叶,以后逐渐向上部发展。症状表现为叶色从叶尖开始由绿变黄,沿中脉呈倒"V"字形向叶基部扩展,直至全叶失绿,枯黄,上部绿叶少,叶片小、窄、直立;分蘖少或无分蘖,稻株下部枯叶多,不封行或迟封行,穗小粒少。发根慢,细根和根毛发育差,黄根较多。

二、原因

沙质土壤、有机质贫乏的土壤及新垦滩涂等熟化程度低的土壤、黄泥板田或耕层浅瘦,未施底肥或基肥不足的稻田常发生缺氮症状,施入过量新鲜未发酵好的有机肥稻田也会发生氮素缺乏。

三、防治措施

☞ 增施有机肥,培肥地力,以提高土壤的保氮和供氮能力。

☞ 在施入过量新鲜未发酵好有机肥的稻田里,应注意配施速效氮肥。

☞ 在翻耕整地时,配施一定量的速效氮肥作基肥。

☞ 对于地力不均匀或前期施肥不足时,及时追施速效氮肥,配施适量磷、钾肥,施后中耕耘田,使肥料融入泥土中。

☞ 及时叶面喷施速效肥。喷施2%尿素,每亩地用量350克。

第二节

水稻缺磷的诊断及防治

一、症状

秧苗移栽后发红不返青,很少分蘖,或返青后生长缓慢,株型直立,稻丛成簇状,矮小细弱,出现僵苗现象,群众称为"一炷香";缺磷症状首先出现在主茎的下位叶,以后逐渐向上部发展。症状表现为先下位叶呈暗绿色,逐渐向上位叶发展,继而老叶枯黄,严重时下位叶纵向卷缩,叶面上有青紫褐色或赤褐色斑点;根系短而细,新根很少,若有硫化氢中毒的并发症,则根系灰白,黑根多,白根少。抽穗、成熟延迟,减产严重。

二、原因

☞ 红黄壤性水田、酸性红紫泥田、白浆土、新垦沙质滩涂土等稻田易缺磷,尤其是红黄壤性水田固磷能力强,易缺磷。贫瘠的土壤有效磷水平低。

☞ 气温和土壤温度偏低。生产上遇到春寒或高寒山区冷浸田易发生缺磷症。同一田块早稻容易缺磷,而晚稻不易发生;早插秧的缺磷较为严重,而迟插的则较轻;有地下水渗出的田块易缺磷。

☞ 有效磷与有机质含量正相关,有机质贫乏土壤易缺磷。

三、防治措施

☞ 早施、集中施用磷肥。水稻生长的全生育期都需要磷元素,水稻对磷的吸收规律与氮元素相似。在幼苗期和分蘖期吸收最多,插秧后 21 天左右为吸收高峰。此时磷元素在水稻体内的积累量约占全生育期总磷量的 54% 左右,此时如果磷元素缺乏,会影响水稻的有效分蘖数及地上与地下部分干物质的积累。水稻在幼苗期吸收的磷元素,可以在整个生育过程反复多次从衰老器官向新生器官转移,直至水稻成熟时,会有 60% ~ 80% 磷元素转移集中到子粒中,而抽穗后水稻吸收的磷元素则大多残留于根部。因此,磷肥必须早施。同时,由于磷在土壤中的移动性小,所以,磷肥要适当集中施用,如蘸根、穴施、条施等。

☞ 选用适当的磷肥类型。在酸性土壤上宜选用钙镁磷肥、钢渣磷肥等含有石灰质的磷肥,缺磷十分严重时,生育初期可适当配施过磷酸钙;在中性或石灰性土壤上宜选用过磷酸钙。

☞ 配合施用有机肥料和石灰。在酸性土壤上应配施有机肥料和石灰,以减少土壤对磷的固定,促进微生物的活动和磷的转化和释放,提高土壤中磷的有效性。

☞ 叶面喷施速效肥。喷施2%磷酸二铵,每亩地用量300克。

第三节

水稻缺钾的诊断及防治

一、症状

有称"赤枯症"。水稻缺钾,移栽后2～3周开始显症。缺钾植株矮小,呈暗绿色,虽能发根返青,但叶片发黄呈褐色斑点,老叶尖端和叶缘发生红褐色小斑点,最后叶片自尖端向下逐渐变赤褐色枯死。以后每长出一层新叶,就增加一片老叶的病变,严重时全株只留下少数新叶保持绿色,远看似火烧状。病株的主根和分枝根短而细弱,整个根系呈黄褐色至暗褐色,新根很少。缺钾赤枯病主要发生在冷浸田、烂泥田和锈水田。

二、原因

☞ 单施氮肥或施氮肥过多,而钾肥不足,易发生缺钾症。

☞ 质量偏轻的河流冲积物及石灰岩、红砂岩风化物形成的土壤易缺钾。

☞ 排水不良、土壤还原性强,根系活力降低,对钾的吸收受阻。

☞ 早稻前期持续低温阴雨后骤然转为晴热高温,造成土壤中有机肥或绿肥迅速分解,土壤养分迅速还原,常造成大面积缺钾。

☞ 前茬作物耗钾量大,土壤有效钾亏缺严重。

三、防治措施

☞ 合理确定钾肥的施用量。水稻幼苗对钾素吸收量不高,钾吸收高峰在分蘖盛期到拔节期。孕穗期茎、叶中含钾量不足 1.2%,颖花数会显著减少。高钾可增加颖花数量,提高水稻抗倒伏能力和在弱光下稻株的光合强度。对于大多数作物,一般每亩施用钾肥(按氧化钾计)6.7～10 千克为宜,超高产田适当增加用量。

☞ 选择适当的钾肥施用期。由于钾肥在土壤中容易淋失,钾肥的施用应做到基肥和追肥相结合。在土壤严重缺钾时,钾肥作基肥的比例应适当加大一些;在水稻分蘖盛期至幼穗分化期氮肥吸收高峰期及时追施钾肥,以防氮钾比例失调而促发缺钾症。

☞ 实行秸秆还田。充分利用秸秆、有机肥料和草木灰等钾肥资源,促进农业生态系统中钾的再循环和再利用,缓解钾肥供需矛盾。

☞ 叶面喷施速效肥。喷施 2%硫酸钾,每亩地用量 300 克。

第四节
水稻缺中微量元素的诊断及防治

一、缺锌

1. 症状

稻苗缺锌,先在下叶中脉区出现褪绿黄化状,并产生红褐色斑点和不规则斑块,后逐渐扩大呈红褐色条状,自叶尖向下变红褐色干枯,一般自下叶向上叶依次出现。病株出叶速度缓慢,新叶短而窄,叶色褪淡,尤其是基部叶脉附近褪成黄白色。重病株叶枕距离缩短或错位,明显矮化丛生,很少分蘖,田间生长参差不齐。根系老朽,呈褐色,迟熟,造成严重减产。水稻缺锌,秧苗移栽 2～3 周后出现稻缩苗、僵苗、新叶基部褪绿或浅黄,继而发白,老叶片中脉两侧出现不规则的褪色小斑点,逐渐发展成条纹,老叶发脆下披易折断,叶片短窄,茎节缩短,上下叶鞘重叠,叶枕并列甚至错位,根系老化,新根少。

2. 原因

石灰性 pH 值高的土壤或江河冲积或湖滨、海滨沉积性石灰质土壤及石灰性紫色土、玄武岩风化发育的近中性富铁泥土、地势低洼常渍水还原性强或施用了高量磷肥或施用了大量新鲜有机肥引起强烈还原或低温影响均易出现缺锌症,过量施用氮、磷肥易缺锌。

3. 防治措施

防止缺锌。秧田期于插秧前 2～3 天,每亩用 1.5% 硫酸锌溶液 30 千克,进行叶面喷施,可促进缓苗,提早分蘖,预防缩苗。始穗期、齐穗期,每亩每次用硫酸锌 100 克,对水 50 千克喷施,可促进抽穗整齐,加速养分运转,有利灌浆结实,结实率和千粒重提高。及时叶面喷施速效肥,喷施 1% 硫酸锌,每亩地用量 150 克。

二、缺铁

1. 症状

水稻缺铁上部叶片脉间失绿,新叶黄化,老叶仍保持绿色,呈条纹花叶,症状越近心叶越重,植株生长不良矮缩,老叶仍保持绿色,生育推迟以至不能抽穗。

2. 原因

主要发生在碱性土壤上,尤其是石灰性或次生石灰性土壤,如石灰性紫色土及由浅海沉积物发育成的滨海盐土和近乎纯净的沙砾质土壤含泥极少,近于干砂培和洁净的溪水流动灌溉条件下,以及大量施用磷肥和多雨均易造成缺铁。

3. 防治措施

(1)改良土壤　在碱性土壤上使用硫黄粉或稀硫酸等降低土壤 pH 值,增加土壤中铁的有效性。

(2)合理施肥　控制磷肥、锌肥、铜肥、锰肥及石灰质肥料的用量,以避免这些营养元素过量对铁吸收的拮抗作用。

(3)选用耐性品种　充分利用耐缺铁的品种资源,有效地预防缺铁症的发生。

(4)施用铁肥　目前施用的铁肥可分为无机铁肥和螯合铁肥两类。无机铁肥主要有硫酸亚铁和硫酸亚铁铵等,多采用叶面喷施的方法,浓度为 0.2% ~ 0.5%;螯合铁肥主要有乙二胺邻二羟基乙酸铁、柠檬酸铁铵、尿素铁等,主要用于叶面喷施,效果较无机铁肥好。另外,叶面喷施铁肥时若能配加适量的尿素可改善矫治效果。

三、缺硅

1. 症状

水稻缺硅,生育显著减弱,茎叶扭曲,叶片出现褐色枯斑,生长受阻,根短,地上部较矮,抽穗迟,发生白穗,每穗小穗数、饱满谷粒数和粒重都减少,出现畸形稻壳,出现结实障碍,谷壳有褐色斑点;从幼穗形成期至孕穗期,稻株叶片挺立,用手触摸叶片时感到干燥粗糙,叶尖先端很尖,感到刺手的水稻其硅酸含量超过 8%,这种水稻稻成熟期硅酸含量能达 10% 以上,属于健康水稻。而完全伸长叶呈柳状下垂,下位叶容易凋萎,抽穗后披叶增加,露水未干时观察更明显的水稻则硅酸不足,后期稻秆柔软易倒伏,稻脚不清,整个生长期易感染稻瘟病或胡麻叶斑病。

2. 原因

一些河流上游峡谷地带、溪江沿岸的浅层沙砾质水田等有效硅含量低的土壤和还原性强的土壤及氮肥过量施用和土壤水分缺乏均易造成缺硅。

3. 措施

(1)施用硅肥。

(2)稻草还田　稻草含硅在 10% 以上,年复一年的稻草携出,是水稻田硅被消耗而下降的主要原因。

(3)多用钙镁磷肥　钙镁磷肥中含硅(氧化硅)在 10% 以上,长期持续施用在缺硅水田可以减轻缺硅的程度。

(4)客土改良　缺硅水田基本特点是土壤质地沙性强、耕层浅薄,用优良黏性土如石灰性紫色土等作客土,效果显著。

四、其他

1. 缺硫

症状与缺氮相似,田间难于区分。易发生在沙质淋溶型土壤或远离城镇工矿区,大气含硫少,近 3~5 年内未施含硫的肥料。注意施用含硫肥料。如硫酸铵、硫酸钾、硫黄及石膏等,除硫黄需与肥土堆积转化为硫酸盐后施用外,其他几种,每亩施 5~10 千克即可。

2. 缺钙

叶片变白,严重的生长点死亡,叶片仍保持绿色,根系伸长延迟,极尖变褐色。土壤缺钙的情况较少,但南方某些花岗岩或千枚岩发育的土壤,其全钙含量甚微,华中红壤地区全钙含量 0.02%~0.25%,每百克土中含交换性钙 5~100 毫克,某些红壤仅 5.6 毫克,这时会出现典型缺钙症状。防止缺钙每亩施石灰 50~100 千克。

3. 缺镁

下部叶片脉间褐色。质地松的酸性土如丘陵河谷地区或雨水多的热带地区高度风化的土壤中水溶性和交换性镁含量少,易形成缺镁症。防止缺镁可亩施钙镁磷肥 15~20 千克,应急时喷 1% 硫酸镁。

4. 缺锰

嫩叶脉间失绿,老叶保持近黄绿色,褪绿条纹从叶尖向下扩展,后叶上出现暗褐色坏死斑点。新出叶窄而短,且严重失绿。水稻叶片含锰量低于 20 毫克/千克时,易出现缺锰症。水稻对锰虽不敏感,但我国华中丘陵区红砂岩发育的红壤及花岗岩发育的赤红壤含锰量都很低,北方的石灰性土壤,尤其是质地轻、有机质少、通透性良好的土壤,如黄淮海平原都属于缺锰的土壤。用 1%~2% 硫酸锰溶液浸种 24~48 小时,或亩施硫酸锰 162 千克,与有机肥混用。

5. 缺硼

植株矮化,抽出叶有白尖,严重时枯死。我国华南和华中地区有效态硼含量从痕迹至 0.58 毫克/千克,平均为 0.14 毫克/千克。花岗岩发育的土壤有效硼常在0.1毫克/千克以下。此钙潜育性草甸土有效硼也很低。在水稻生长中后期,喷施0.1%~0.5%硼酸溶液或0.1%~0.2%的硼砂溶液2~3次,每亩用液量40~50千克。

6. 缺铜

叶片呈蓝绿色,近尖端失绿,褪色部沿中肋两侧向下扩展,后尖端变暗褐色,坏死,新抽出叶子不能展开,似针状。缺铜症状一般在分蘖期的新生叶尖端首先出现,发白、卷曲,继而是新生叶全部呈白色,细长、扭曲。老叶在叶舌处弯曲或折断。分蘖多,呈丛生状,但大多不能抽茎成穗或抽出的穗扭曲变畸形,不结实或只有少数结实。

作物缺素歌

作物营养要平衡,营养失衡把病生,病症发生早诊断,准确判断好矫正。

缺素判断并不难,根茎叶花细观察,简单介绍供参考,结合土测很重要。

缺氮抑制苗生长,老叶先黄新叶薄,根小茎细多木质,花迟果落不正常。

缺磷株小分蘖少,新叶暗绿老叶紫,主根软弱侧根稀,花少果迟种粒小。

缺钾株矮生长慢,老叶尖缘卷枯焦,根系易烂茎纤细,种果畸形不饱满。

缺锌节短株矮小,新叶黄白肉变薄,棉花叶缘上翘起,桃梨小叶或簇叶。

缺硼顶叶皱缩卷,腋芽丛生花蕾落,块根空心根尖死,花而不实最典型。

缺钼株矮幼叶黄,老叶肉厚卷下方,豆类枝稀根瘤少,小麦迟迟不灌浆。

缺锰失绿株变形,幼叶黄白褐斑生,茎弱黄老多木质,花果稀少重量轻。

缺钙未老株先衰,幼叶边黄卷枯黏,根尖细脆腐烂死,茄果烂脐株萎蔫。

缺镁后期植株黄,老叶脉间变褐亡,花色苍白受抑制,根茎生长不正常。

缺硫幼叶先变黄,叶尖焦枯茎基红,根系暗褐白根少,成熟迟缓结实稀。

缺铁失绿先顶端,果树林木最严重,幼叶脉间先黄化,全叶变白难矫正。

缺铜变形株发黄,禾谷叶黄幼尖蔫,根茎不良树冒胶,抽穗困难芒不全。

第十四章

水稻病虫草害的发生与防控策略

本章导读： 水稻是个高产稳产作物，又是个多灾多难的作物。水稻的病虫草害有数百种。本章主要介绍常见的水稻病虫草害及其防控措施。

第一节

水稻病害的发生与防控策略

一、稻瘟病

（一）症状

稻瘟病因为危害时期及部位不同分为苗瘟、叶瘟、节瘟、穗颈瘟、谷粒瘟。

☞ 苗瘟发生于 3 叶前，由种子带菌所致。病苗基部灰黑，上部变褐，卷缩而死，湿度较大时病部产生大量灰黑色霉层。

☞ 叶瘟在整个生育期都能发生。分蘖至拔节期危害较重。由于气候条件和品种抗病性不同，病斑分为四种类型。慢性型病斑：开始在叶上产生暗绿色小斑，渐扩大为梭菜斑，常有延伸的褐色坏死线。病斑中央灰白色，边缘褐色，外有淡黄色晕圈，叶背有灰色霉层，病斑较多时连片形成不规则大斑，这种病斑发展较慢；急性型病斑：在感病品种上形成暗绿色近圆形或椭圆形病斑，叶片两面都产生褐色霉层，条件不适应发病时转变为慢性型病斑；白点型病斑：感病的嫩叶发病后，产生白色近圆形小斑，不产生孢子，气候条件利其扩展时，可转为急性型病斑；褐点型病斑：多在高抗品种或老叶上，产生针尖大小的褐点只产生于叶脉间，较少产孢，该病在叶舌、叶耳、叶枕等部位也可发病。

☞ 节瘟常在抽穗后发生，初在稻节上产生褐色小点，后渐绕节扩展，使病部变黑，易折断。发生早的形成枯白穗。仅在一侧发生的造成茎秆弯曲。

209

☞ 穗颈瘟初形成褐色小点,发展后使穗颈部变褐,也造成枯白穗。发病晚的造成秕谷。枝梗或穗轴受害造成小穗不实。

☞ 谷粒瘟产生褐色椭圆形或不规则斑,可使稻谷变黑。有的颖壳无症状,护颖受害变褐,使种子带菌。

(二)传播途径和发病条件

病菌以分生孢子和菌丝体在稻草和稻谷上越冬。翌年产生分生孢子借风雨传播到稻株上,萌发侵入寄主向邻近细胞扩展发病,形成中心病株。病部形成的分生孢子,借风雨传播进行再侵染。播种带菌种子可引起苗瘟。适温高湿,有雨、雾、露存在条件下有利于发病。菌丝生长温限 8～37℃,最适温度 26～28℃。孢子形成温限 10～35℃,以 25～28℃最适,相对湿度 90% 以上。孢子萌发需有水存在并持续 6～8 小时。适宜温度才能形成附着孢并产生侵入丝,穿透稻株表皮,在细胞间蔓延摄取养分。阴雨连绵,日照不足或时晴时雨,或早晚有云雾或结露条件,病情扩展迅速。品种抗性因地区、季节、种植年限和生理小种不同而异。籼型品种一般优于粳型品种。同一品种在不同生育期抗性表现也不同,秧苗 4 叶期、分蘖期和抽穗期易感病,圆秆期发病轻,同一器官或组织在组织幼嫩期发病重。穗期以始穗时抗病性弱。偏施过施氮肥有利发病。放水早或长期深灌根系发育差,抗病力弱发病重。

(三)防治方法

☞ 因地制宜选用适合当地的抗病品种,并注意品种合理搭配与适时更替。

☞ 无病田留种,处理病稻草,消灭菌源。

☞ 按水稻需肥规律,采用配方施肥技术,后期做到干湿交替,促进稻叶老熟,增强抗病力。

☞ 种子处理。用 56°温汤浸种 5 分。用多菌灵浸种,也可用 1% 石灰水浸种,10～15℃浸 6 天,20～25℃浸 1～2 天,石灰水层高出稻种 15 厘米,静置,捞出后清水冲洗 3～4 次。

☞ 药剂防治。在水稻分蘖盛期要加强田间检查,长势繁茂和上一年度稻瘟病重发区更要加强,当发现发病中心应立即打药封锁,可选用富士一号、使百克等治疗性药剂。如叶片上出现急性型病斑,特别是逐日增加,若气象预报将有阴雨天气,还应对未发病的地块进行大面积预防,可选用三环唑等药剂预防,并适当晒田。在抽穗期有阴雨或长时间低温,应在破口期立即进行药剂预防,可选用三环唑类药剂,间隔7天,施用2~3次。常用药剂有:20%三环唑1 000倍液,亩用制剂量50~75克;40%富士一号乳油或40%可湿性粉剂1 000倍液,亩用制剂量60~75毫升(克);25%使百克乳油亩用量40~60毫升。

二、纹枯病(图14-1)

图14-1 水稻纹枯病

(一)症状

纹枯病又称云纹病,苗期至穗期都可发病。叶鞘染病,在近水面处产生暗绿色水浸状边缘模糊小斑,后渐扩大呈椭圆形或云纹形,中部呈灰绿或灰褐色,湿度低时中部呈淡黄或灰白色,中部组织破坏呈半透明状,边缘暗褐。发病严重时数个病斑融合形成大病斑,呈不规则状云纹斑,常致叶片发黄枯死。叶片染病:病斑也呈云纹状,边缘褪黄,发病快时病斑呈污绿色,叶片很快腐烂。茎秆受害:症状似叶片,后期呈黄褐色,易折。穗颈部受害:初为污绿色,后变灰褐,常不能抽穗,抽穗的秕谷较多,千粒重下降。湿度大时,病部长出白色网状菌丝,后汇聚成白色菌丝团,形成菌核,菌核深褐色,易脱落。高温条件下病斑上产生一层白色粉霉层。

(二)传播途径和发病条件

病菌主要以菌核在土壤中越冬,也能以菌丝体在病残体上或在田间杂草等其他寄主上越冬。翌春春灌时菌核漂浮于水面与其他杂物混在一起,插秧后菌核黏附于稻株近水面的叶鞘上,条件适宜生出菌丝侵入叶鞘组织危害,气生菌丝又侵染邻近植株。水稻拔节期病情开始激增,病害向横向、纵向扩展,抽穗前以叶鞘危害为主,抽穗后向叶片、穗颈部扩展。早期落入水中菌核也可引发稻株再侵染。早稻菌核是晚稻纹枯病的主要侵染源。菌核数量是引起发病的主要原因。每亩有 6 万粒以上菌核,遇适宜条件就可引发纹枯病流行。高温高湿是发病的另一主要因素。气温 18～34℃都可发生,以 22～28℃最适。发病相对湿度 70%～96%,90% 以上最适。菌丝生长温度 10～38℃,菌核在 12～40℃都能形成,菌核形成最适温度 28～32℃。相对湿度 95% 以上时,菌核就可萌发形成菌丝。6～10 天后又可形成新的菌核。日光能抑制菌丝生长促进菌核的形成。水稻纹枯病适宜在高温、高湿条件下发生和流行。生长前期雨日多、湿度大、气温偏低,病情扩展缓慢,中后期湿度大、气温高,病情迅速扩展,后期高温干燥抑制了病情。气温 20℃ 以上,相对湿度大于 90%,纹枯病开始发生,气温在 28～32℃,遇连续降雨,病害发展迅速。气温降至 20℃ 以下,田间相对湿度小于 85%,发病迟缓或停止发病。长期深灌,偏施、迟施氮肥,水稻郁闭,徒长促进纹枯病发生和蔓延。

(三)防治方法

选用抗病品种。

☞ 打捞菌核,减少菌源。要每季大面积打捞并带出田外深埋。

☞ 加强栽培管理,施足基肥,追肥早施,不可偏施氮肥,增施磷、钾肥,采用配方施肥技术,使水稻前期不披叶,中期不徒长,后期不贪青。灌水做到分蘖浅水、够苗露田、晒田促根、肥田重晒、瘦田轻晒、长穗湿润、不早断水、防止早衰,要掌握"前浅、中晒、后湿润"的原则。

👉 药剂防治。抓住防治适期,分蘖后期病穴率达 1/10 ~ 2/10 即施药防治。首选广灭灵水剂 500 ~ 1 000 倍液或 5% 井冈霉素 100 毫升对水 50 升喷雾或对水 400 升泼浇。或每亩用 20% 粉锈宁乳油 50 ~ 76 毫升、50% 甲基硫菌灵或 50% 多菌灵可湿性粉剂 100 克、30% 纹枯利可湿性粉剂 50 ~ 75 克、50% 甲基立枯灵(利克菌)或 33% 纹霉净可湿性粉剂 200 克,每亩用药液 50 升。注意用药量和在孕穗前使用,防止产生药害。发病较重时可选用 20% 担菌灵乳剂每亩用药 125 ~ 150 毫升或用 75% 担菌灵可湿性粉剂 75 克与异稻瘟净混用有增效作用,并可兼治稻瘟病。还可用 10% 灭锈胺乳剂每亩 250 毫升或 25% 禾穗宁可湿性粉剂每亩用药 50 ~ 70 克,对水 75 升喷雾,效果好药效长。

三、白叶枯病(图 14 – 2)

图 14 – 2 水稻百叶枯病

213

（一）症状

主要发生于叶片及叶鞘上。初起在叶缘产生半透明黄色小斑，以后沿叶缘一侧或两侧或沿中脉发展成波纹状的黄绿或灰绿色病斑；病部与健部分界线明显；数日后病斑转为灰白色，并向内卷曲，远望一片枯槁色，故称白叶枯病。在空气潮湿时，病叶上的新鲜病斑上，有时甚至在未表现病斑的叶缘上分泌出湿浊状的水珠或蜜黄色菌胶，干涸后结成硬粒，容易脱落。在感病品种上，初起病斑呈开水烫过的灰绿色，很快向下发展为长条状黄白色，在我国南方稻区一些高感品种上发生凋萎型白叶枯病，主要发生在秧苗生长后期或本田移植后 1～4 周内，主要特征为"失水、青枯、卷曲、凋萎"，形似螟害枯心。诊断方法，将枯心株拔起，切断茎基部，用手挤压，如切口处溢出涕状黄白色菌脓，即为本病。如为螟害枯心，可见有虫蛀眼。

（二）传播途径和发病条件

白叶枯病菌主要在稻种、稻草和稻桩上越冬，重病田稻桩附近土壤中的细菌也可越年传病。播种病谷，病菌可通过幼苗的根和芽鞘侵入。病稻草和稻桩上的病菌，遇到雨水就渗入水流中，秧苗接触带菌水，病菌从水孔、伤口侵入稻体。用病稻草催芽，覆盖秧苗、扎秧把等有利病害传播。早中稻秧田期由于温度低，菌量较少，一般看不到症状，直到孕穗前后才暴发出来。病斑上的溢脓，可借风、雨、露水和叶片接触等进行再侵染。

（三）防治方法

☞ 选用抗病品种。发生过白叶枯病的田块和低洼易涝田都要种植抗病品种。

☞ 种子消毒。用多菌灵或用强氯精浸种，浸种方法同稻瘟病。

☞ 培育无病壮秧。选好秧田位置，加强灌溉水管理，防止淹苗。在 3 叶 1 心期和移栽前施药预防。亩用叶青双可湿性粉剂 100克对水喷雾。

☞ 加强水肥管理。平整稻田，防止串灌、漫灌传播病害；适时适度晒田，施足底肥，多施磷、钾肥，不要过量过迟追施氮肥。

👉 大田施药保护。水稻拔节后,对感病品种要及早检查,如发现发病中心,应立即施药防治;感病品种稻田在大风雨后要施药。

四、水稻条纹叶枯病(图14-3)

图14-3 水稻条纹叶枯病

(一)症状

👉 苗期发病:心叶基部出现褪绿黄白斑,后扩展成与叶脉平行的黄色条纹,条纹间仍保持绿色。不同品种表现不一。

👉 分蘖期发病:先在心叶下一叶基部出现褪绿黄斑,后扩展形成不规则黄白色条斑,老叶不显病。病株常枯孕穗或穗小畸形不实。拔节后发病在剑叶下部出现黄绿色条纹,抽穗畸形,结实很少。

(二)发生原因

灰飞虱虫量增多。条纹叶枯病是由灰飞虱传毒引起的一种病毒性病害。据资料记载,由于吡虫啉的多年使用,灰飞虱对吡虫啉类农药已经产生耐药性,防效下降,灰飞虱虫量开始上升。

(三)防治方法

☞ 综合策略:坚持"预防为主,综合防治"的植保方针,采取"切断毒源,治虫防病"的防治策略,狠治灰飞虱,控制条纹叶枯病。

☞ 抓好灰飞虱防治:结合小麦穗期蚜虫防治,开展灰飞虱防治,清除田边、地头、沟旁杂草,减少初始传毒媒介。每亩选用锐劲特30～40毫升,对水30千克均匀喷雾,移栽前3～5天再补治1次。

☞ 关键控制大田危害:在水稻返青分蘖期每亩用锐劲特30～40毫升,对水45千克均匀喷雾,防治大田灰飞虱。水稻分蘖期大田病株率0.5%的田块,每亩用50克天达2116+天达裕丰(菌毒速杀)30克,对水30千克,均匀喷雾防病,1周后再补治1次,效果良好。

五、恶苗病(图14-4)

图14-4 水稻恶苗病

（一）症状

恶苗病又称徒长病,全国各稻区均有发生。病谷粒播后常不发芽或不能出土。苗期发病病苗比健苗细高,叶片叶鞘细长,叶色淡黄,根系发育不良,部分病苗在移栽前死亡。在枯死苗上有淡红或白色霉粉状物。本田发病:节间明显伸长,节部常有弯曲露于叶鞘外,下部茎节逆生多数不定须根,分蘖少或不分蘖。剥开叶鞘,茎秆上有暗褐条斑,剖开病茎可见白色蛛丝状菌丝,以后植株逐渐枯死。湿度大时,枯死病株表面长满淡褐色或白色粉霉状物,后期生黑色小点即病菌囊壳。病轻的提早抽穗,穗形小而不实,抽穗期谷粒也可受害,严重的变褐,不能结实,颖壳夹缝处生淡红色霉,病轻不表现症状,但内部已有菌丝潜伏。

（二）防治方法

☞ 建立无病留种田,选用抗病品种,避免种植感病品种。

☞ 加强栽培管理,催芽不宜过长,拔秧要尽可能避免损根。做到"五不插":即不插隔夜秧,不插老龄秧,不插深泥秧,不插烈日秧,不插冷水浸的秧。

☞ 清除病残体,及时拔除病株并销毁,病稻草收获后作燃料或沤制堆肥。

☞ 种子处理。用1%石灰水澄清液浸种,15~20℃时浸3天,25℃浸2天,水层要高出种子10~15厘米,避免直射光。或用2%福尔马林浸闷种3小时,气温高于20℃用闷种法,低于20℃用浸种法。或用40%拌种双可湿性粉剂100克或50%多菌灵可湿性粉剂150~200克,加少量水溶解后拌稻种50千克或用50%甲基硫菌灵可湿性粉剂1 000倍液浸种2~3天,每天翻种子2~3次。浸种后带药直播或催芽。

六、稻曲病（图14－5）

图14－5　稻曲病

（一）症状

稻曲病又称伪黑穗病等,俗称"丰产果"。该病只发生于穗部,危害部分谷粒。受害谷粒内形成菌丝块渐膨大,内外颖裂开,露出淡黄色块状物,即孢子座,后包于内外颖两侧,呈黑绿色,初外包一层薄膜,后破裂,散生墨绿色粉末,有的两侧生黑色扁平菌核,风吹雨打易脱落。

（二）防治方法

☞ 选用抗病品种。

☞ 避免病田留种,深耕翻埋菌核。发病时摘除并销毁病粒。

☞ 改进施肥技术,基肥要足,慎用穗肥,采用配方施肥。浅水勤灌,后期见干见湿。

☞ 药剂防治。用2%福尔马林或0.5%硫酸铜浸种3～5小时,然后闷种12小时,用清水冲洗催芽。抽穗前用18%多菌酮粉剂

150～200克或于水稻孕穗末期每亩用14%络氨铜水剂250克、稻丰灵200克或5%井冈霉素水剂100克,对水50升喷洒。施药时可加入三环唑或多菌灵兼防穗瘟。施用络氨铜时用药时间提前至抽穗前10天,进入破口期因稻穗部分暴露,易致颖壳变褐,孕穗末期用药则防效下降。也可选用40%禾枯灵可湿性粉剂,每亩用药60～75克,对水60升还可兼治水稻叶尖枯病、云形病、纹枯病等。

七、水稻烂秧

(一)症状

由于引起水稻烂秧的病因不同,症状有很大差异。烂种主要指稻谷播种后种胚变黑、发臭,甚至腐烂的现象。烂芽指播种后稻芽未能转青即死亡的现象。

(二)防治方法

水稻烂秧的防治以农业防治为根本措施。狠抓种子浸种、催芽、播种的质量,同时,还要强调秧田整地质量,有机肥要充分腐熟,科学施肥、用水。应在秧苗1叶1心至3叶期时,出现叶尖无水珠和零星卷叶时应及时喷药。可用50%敌克松可湿性粉剂700倍液或30%立枯灵500～1 000倍液浇灌,若病情较严重时,药液浓度应适量加大。

八、胡麻叶斑病(图14 –6)

(一)症状

从苗期到收获期都可发病,病菌可危害植株地上的各个部位,以叶片发生最普遍。①病叶症状:产生椭圆形或长形褐色病斑,病斑边缘明显,外围常有黄色晕圈,后期病斑中央灰黄色或灰白色. ②穗颈、枝梗受害症状:颈后病部呈深褐色,变色部较长,最长可达8厘米。③谷粒受害症状：病斑灰黑色，可扩展至整个谷粒。

图 14 - 6　水稻胡麻叶斑病

（二）发病原因

土壤贫瘠、保水差的沙质田和通气性不良呈酸性的泥炭土，易发病，缺氮、钾及硅、镁、锰等元素的田块易发病，苗期和抽穗前后易感病。

（三）防治方法

☞ 农业防治：增施有机肥，注意氮、磷、钾的配合使用。

☞ 药剂防治参照稻瘟病。

九、菌核秆腐病

（一）症状

水稻菌核秆腐病主要是稻小球菌核病和小黑菌核病。两病单独或混合发生，又称小粒菌核病或秆腐病，它们和稻褐色菌核病、稻球状菌核病、稻灰色菌核病等，总称为水稻菌核病或秆腐病。我国各稻区均有发生。小球菌核病和小黑菌核病症状相似，侵害稻株下部叶鞘和茎秆，初在近水面叶鞘上生褐色小斑，后扩展为黑色纵向坏死线及黑色大斑,上生稀薄浅灰色霉层,病鞘内常有菌丝块。小黑菌核病不形成菌丝块,黑线也较浅。病斑继续扩展使茎基成段变黑软腐,病部呈灰白色或红褐色而腐败。剥检茎秆,腔内充满灰白色菌丝和黑褐色小菌核。侵染穗颈,引起穗枯。褐色菌核病:在叶鞘变黄枯死,不形成明显病斑,孕穗时发病致幼穗不能抽出。后期在叶鞘组织内形成球形黑色小菌核。灰色菌核病:叶鞘受害形成淡红褐色小斑,在剑叶鞘上形成长斑,一般不致水稻倒伏,后期在病斑表面和内部形成灰褐色小粒状菌核。

(二)防治方法

☞ 种植抗病品种。

☞ 减少菌源。病稻草要高温沤制,收割时要齐泥割稻。有条件的实行水旱轮作。插秧前打捞菌核。

☞ 加强水肥管理,浅水勤灌,适时晒田,后期灌跑马水,防止断水过早。多施有机肥,增施磷、钾肥,特别是钾肥,忌偏施氮肥。

☞ 药剂防治。在水稻拔节期和孕穗期喷洒40%克瘟散(敌瘟灵)或40%富士一号乳油1 000倍液、5%井冈霉素水剂1 000倍液、70%甲基硫菌灵(甲基托布津)可湿性粉剂1 000倍液、50%多菌灵可湿性粉剂800倍液、50%速克灵(腐霉剂)可湿性粉剂1 500倍液、50%乙烯菌核利(农利灵)可湿性粉剂1 000~1 500倍液、50%异菌脲(扑海因)或40%菌核净可湿性粉剂1 000倍液、20%甲基立枯磷乳油1 200倍液。

十、细菌性条斑病(图14-7)

(一)症状

细菌性条斑病又称细条病、条斑病。主要危害叶片。病斑初为暗绿色水浸状小斑,很快在叶脉间扩展为暗绿至黄褐色的细条斑,病斑两端呈浸润型绿色。病斑上常溢出大量串珠状黄色菌脓,干后呈胶状小粒。细菌性条斑上常布满小珠状细菌液。发病严重时条斑融合成不规则黄褐至枯白大斑,与白叶枯类似,但对光看可见许多半透明条斑。病情严重时叶片卷曲,田间呈现一片黄白色。

图14 - 7　水稻细菌性条斑病

（二）传播途径和发病条件

病菌主要由稻种、稻草和自生稻带菌传染,成为初侵染源。病菌主要从伤口侵入,菌脓可借风、雨、露等传播后进行再侵染。高温高湿有利于病害发生。台风暴雨造成伤口,病害容易流行。偏施氮肥,灌水过深加重发病。

（三）防治方法

☞ 加强检疫,把该菌列入检疫对象,防止调运带菌种子远距离传播。

☞ 选用抗（耐）病品种。

☞ 避免偏施、迟施氮肥,配合磷、钾肥,采用配方施肥技术。忌灌串水和深水。

☞ 药剂防治参见水稻白叶枯病。

十一、细菌性基腐病

(一) 症状

主要危害水稻根节部和茎基部。水稻分蘖期发病,常在近土表茎基部叶鞘上产生水浸状椭圆形斑,渐扩展为边缘褐色、中间枯白的不规则形大斑,剥去叶鞘可见根节部变黑褐,有时可见深褐色纵条,根节腐烂,伴有恶臭,植株心叶青枯变黄。拔节期发病,叶片自下而上变黄,近水面叶鞘边缘褐色,中间灰色长条形斑,根节变色伴有恶臭。穗期发病,病株先失水青枯,后形成枯孕穗、白穗或半白穗,根节变色有短而少的侧生根,有恶臭味。水稻细菌性基腐病的独特症状是病株根节变为褐色或深褐色腐烂。别于细菌性褐条病心腐型、白叶枯病急性凋萎型及螟害枯心苗等。该病常与小球菌核病、恶苗病、还原性物质中毒等同时发生;也有在基腐病株枯死后,恶苗病菌、小球菌核病菌等腐生其上。该病主要通过水稻根部和茎基部的伤口侵入。生产上只要抓准基腐病这三个独特症状,是能与上述病害区别开来的。

(二) 传播途径和发病条件

细菌可在病稻草、病稻桩和杂草上越冬。病菌从叶片上水孔、伤口及叶鞘和根系伤口侵入,以根部或茎基部伤口侵入为主。侵入后在根基的气孔中系统感染,在整个生育期重复侵染。

(三) 防治方法

☞ 因地制宜地选用抗病良种。

☞ 培育壮苗,推广工厂化育苗,采用湿润育秧。适当增施磷、钾肥确保壮苗。要小苗直栽浅栽,避免伤口。

☞ 提倡水旱轮作,增施有机肥,采用配方施肥技术。

十二、水稻赤枯病

（一）症状

水稻赤枯病又称铁锈病。有下面三种类型：

☞ 缺钾型赤枯：在分蘖前始现，分蘖末发病明显，病株矮小，生长缓慢，分蘖减少，叶片狭长而软弱披垂，下部叶自叶尖沿叶缘向基部扩展变为黄褐色，并产生赤褐色或暗褐色斑点或条斑。严重时自叶尖向下赤褐色枯死，整株仅有少数新叶为绿色，似火烧状。根系黄褐色，根短而少。

☞ 缺磷型赤枯：多发生于栽秧后 3～4 周，能自行恢复，孕穗期又复发。初在下部叶叶尖有褐色小斑，渐向内黄褐干枯，中肋黄化。根系黄褐，混有黑根、烂根。

☞ 中毒型赤枯：移栽后返青迟缓，株型矮小，分蘖很少。根系变黑或深褐色，新根极少，节上生迈出生根。叶片中肋初黄白化，接着周边黄化，重者叶鞘也黄化，出现赤褐色斑点，叶片自下而上呈赤褐色枯死，严重时整株死亡。

（二）病因

缺钾型和缺磷型是生理性的。稻株缺钾，分蘖盛期表现严重，叶片出现赤褐色斑点。多发生于土层浅的沙土、红黄壤及漏水田，分蘖时气温低时也影响钾素吸收，造成缺钾型赤枯。缺磷型赤枯，生产上红黄壤冷水田，一般缺磷，低温时间长，影响根系吸收，发病严重。中毒型赤枯，主要发生在长期浸水，泥层厚，土壤通透性差的水田，如绿肥过量，施用未腐熟有机肥，插秧期气温低，有机质分解慢，以后气温升高，土壤中缺氧，有机质分解产生大量硫化氢、有机酸、二氧化碳、沼气等有毒物质，使苗根扎不稳，随着泥土沉实，稻苗发根分蘖困难，加剧中毒程度。

（三）防治方法

☞　改良土壤,加深耕作层,增施有机肥,提高土壤肥力,改善土壤团粒结构。

☞　宜早施钾肥,如氯化钾、硫酸钾、草木灰、钾钙肥等。缺磷土壤,应早施、集中施过磷酸钙,每亩施 30 千克,或喷施 0.3% 磷酸二氢钾水溶液。忌追肥单施氮肥,否则加重发病。

☞　改造低洼浸水田,做好排水沟。绿肥作基肥,不宜过量,耕翻不能过迟。施用有机肥一定要腐熟,均匀施用。

☞　早稻要浅灌勤灌,及时耘田,增加土壤通透性。

☞　发病稻田要立即排水,酌施石灰,轻度搁田,促进浮泥沉实,以利新根早发。

第二节

水稻虫害的发生与防控策略

一、稻纵卷叶螟（图 14 – 8）

（一）危害特点

初孵幼虫取食心叶,出现针头状小点,也有先在叶鞘内危害,随着虫龄增大,吐丝缀稻叶两边叶缘,纵卷叶片成圆筒状虫苞,幼虫藏身其内啃食叶肉,留下表皮呈白色条斑。严重时"虫苞累累,白叶满田"。以孕、抽穗期受害损失最大。

（二）形态特征

成虫长 7 ~ 9 毫米,淡黄褐色,前翅有两条褐色横线,两线间有一

225

图 14 - 8　稻纵卷叶螟危害

条短线,外缘有暗褐色宽带;后翅有两条横线,外缘亦有宽带;雄蛾前翅前缘中部,有闪光而凹陷的"眼点",雌蛾前翅则无"眼点"。卵长约 1 毫米,椭圆形,扁平而中稍隆起,初产白色透明,近孵化时淡黄色,被寄生卵为黑色。幼虫老熟时长 14 ~ 19 毫米,低龄幼虫绿色,后转黄绿色,成熟幼虫橘红色。蛹长 7 ~ 10 毫米,初黄色,后转褐色,长圆筒形。

(三) 防治方法

☞　农业防治:选用抗(耐)虫水稻品种,合理施肥,使水稻生长发育健壮,防止前期猛发旺长,后期恋青迟熟。科学管水,适当调节搁田时间,降低幼虫孵化期田间湿度,或在化蛹高峰期灌深水 2 ~ 3 天,杀死虫蛹。

☞　保护利用天敌,提高自然控制能力:我国稻纵卷叶螟天敌种类多达 80 余种,各虫期均有天敌寄生或捕食,保护利用好天敌资源,可大大提高天敌对稻纵卷叶螟的控制作用。卵期寄生天敌,如拟澳洲赤眼蜂、稻螟赤眼蜂,幼虫期如纵卷叶螟绒茧蜂,捕食性天敌如蜘蛛、青蛙等,对纵卷叶螟都有很大控制作用。

☞　化学防治:根据水稻分蘖期和穗期易受稻纵卷叶螟危害,

尤其是穗期损失更大的特点,药剂防治的策略,应狠治穗期受害代,不放松分蘖期危害严重代别的原则。药剂防治稻纵卷叶螟施药时期应根据不同农药残效长短略有变化,击倒力强而残效较短的农药在孵化高峰后 1~3 天施药,残效较长的可在孵化高峰前或高峰后 1~3 天施药。

二、二化螟(图 14 – 9)

图 14 – 9 二化螟危害(枯鞘、枯心、白穗)

(一)危害特点

水稻分蘖期受害出现枯心苗和枯鞘;孕穗期、抽穗期受害,出现枯孕穗和白穗;灌浆期、乳熟期受害,出现半枯穗和虫伤株,秕粒增多,遇刮大风易倒折。二化螟危害造成的枯心苗,幼虫先群集在叶鞘内侧蛀食危害,叶鞘外面出现水渍状黄斑,后叶鞘枯黄,叶片也渐死,称为枯梢期。幼虫蛀入稻茎后剑叶尖端变黄,严重的心叶枯黄而死,受害茎上有蛀孔,孔外虫粪很少,茎内虫粪多,黄色,稻秆易折断。别于大螟和三化螟危害造成的枯心苗。

(二)形态特征

成蛾雌体长 14~16.5 毫米,翅展 23~26 毫米,触角丝状,前翅灰黄色,近长方形,沿外缘具小黑点 7 个;后翅白色,腹部灰白色纺锤形。雄蛾体长 13~15 毫米,翅展 21~23 毫米,前翅中央具黑斑 1个,下面生小黑点 3 个,腹部瘦圆筒形。卵长 1.2 毫米,扁椭圆形,卵块由数十至 200 粒排成鱼鳞状,长 13~16 毫米,宽 3 毫米,乳白色至

227

黄白色或灰黄褐色。幼虫 6 龄左右。末龄幼虫体长 20~30 毫米,头部除上领棕色外,余红棕色,全体淡褐色,具红棕色条纹。蛹长 10~13 毫米,米黄色至浅黄褐色或褐色。

(三)生活习性

4 龄以上幼虫在稻桩、稻草中或其他寄主的茎秆内、杂草丛、土缝等处越冬。气温高于 11℃时开始化蛹,15~16℃时成虫羽化。低于 4 龄期幼虫多在第二年土温高于 7℃时钻进上面稻桩及小麦、大麦、蚕豆、油菜等冬季作物的茎秆中;均温 10~15℃进入转移盛期,转移到冬季作物茎秆中以后继续取食内壁,发育到老熟时,在寄主内壁上咬 1 羽化孔,仅留表皮,羽化后破膜钻出。有趋光性,喜欢把卵产在幼苗叶片上,圆秆拔节后产在叶宽、秆粗且生长嫩绿的叶鞘上;初孵幼虫先钻入叶鞘处群集危害,造成枯鞘,2~3 龄后钻入茎秆,3 龄后转株危害。该虫生命力强,食性杂,耐干旱、潮湿和低温条件。主要天敌有卵寄生蜂等。

(四)防治方法

☞ 做好发生期、发生量和发生程度预测。

☞ 合理安排冬作物,晚熟小麦、大麦、油菜、留种绿肥要注意安排在虫源少的晚稻田中,可减少越冬的基数。对稻草中含虫多的要及早处理,也可把基部 10~15 厘米先切除烧毁。灌水杀蛹,即在二化螟初蛹期采用烤、搁田或灌浅水,以降低化蛹的部位,进入化蛹高峰期时,突然灌深水 10 厘米以上,经 3~4 天,大部分老熟幼虫和蛹会被灌死。

☞ 选育、种植耐水稻螟虫的品种,根据种群动态模型用药防治。每亩用 80%杀虫单粉剂 35~40 克或 25%杀虫双水剂 200~250 毫升、50%杀螟松乳油 50~100 毫升,也可选用 5%锐劲特胶悬剂 30 毫升,对水 50~75 千克喷雾或对水 200~250 千克泼浇。也可对水 400 千克进行大水量泼浇,此外还用 25%杀虫双水剂 200~250 毫升或 5%杀虫双颗粒剂 1~1.5 千克拌湿润细干土 20 千克制成药土,撒施在稻苗上,保持 3~5 厘米浅水层持续 3~5 天可提高防效。此外把杀虫双制成大粒剂,改过去常规喷雾为浸秧田,采用带药漂浮载体防治法能提高防效。杀虫双防治二化螟还可兼治大螟、三化螟、稻纵卷叶螟等,对大龄幼虫杀伤力高、施药适期弹性大。

三、三化螟(图14－10)

图14－10　三化螟危害(钻心白穗)

(一)危害特点

幼虫钻入稻茎蛀食危害,在寄主分蘖时出现枯心苗,孕穗期、抽穗期形成"枯孕穗"或"白穗"。严重的颗粒无收。近年三化螟的严重危害又呈上升趋势。三化螟危害造成枯心苗,苗期、分蘖期幼虫啃食心叶,心叶受害或失水纵卷,稍褪绿或呈青白色,外形似葱管,称作假枯心,把卷缩的心叶抽出,可见断面整齐,多可见到幼虫,生长点遭破坏后,假枯心变黄死去成为枯心苗,这时其他叶片仍为青绿色。受害稻株蛀入孔小,孔外无虫粪,茎内有白色细粒虫粪。别于大螟、二化螟危害造成的枯心苗。

(二)生活习性

河南年生2～3代,以老熟幼虫在稻茬内越冬。翌春气温高于16℃,越冬幼虫陆续化蛹、羽化。成虫白天潜伏在稻株下部,黄昏后飞出活动,有趋光性。羽化后1～2天即交尾,把卵产在生长旺盛的距叶尖6～10厘米的稻叶叶面或叶背,分蘖盛期和孕穗末期产卵较多,拔节期、齐穗期、灌浆期较少。每雌产 2～3 个卵块。

天敌主要有寄生蜂、稻螟赤眼蜂、黑卵蜂、啮小蜂、蜘蛛、青蛙、白僵菌等。

(三) 防治方法

☞ 预测预报:据各种稻田化蛹率、化蛹日期、蛹历期、交配产卵历期、卵历期,预测发蛾始盛期、高峰期、盛末期及蚁螟孵化的始盛期、高峰期和盛末期指导防治。

☞ 农业防治:适当调整水稻布局,避免混栽;选用生长期适中的品种;及时春耕沤田,处理好稻茬,减少越冬虫口;选择无螟害或螟害轻的稻田或旱地作为绿肥留种田,生产上留种绿肥田因春耕晚,绝大部分幼虫在翻耕前已化蛹、羽化,生产上要注意杜绝虫源;对冬作田、绿肥田灌跑马水,不仅利于作物生长,还能杀死大部分越冬螟虫;及时春耕灌水,淹没稻茬 7～10 天,可淹死越冬幼虫和蛹。

☞ 栽培治螟。调节栽秧期,采用抛秧法,使易遭蚁螟危害的生育阶段与蚁螟盛孵期错开,可避免或减轻受害。

☞ 保护利用天敌。

☞ 防治枯心在水稻分蘖期与蚁螟盛孵期吻合日期短于 10 天的稻田,掌握在蚁螟孵化高峰前 1～2 天,5% 杀虫双颗粒剂 1～1.5 千克,拌细土 15 千克撒施后,田间保持 3～5 厘米浅水层 4～5 天。当吻合日期超过 10 天时,则应在孵化始盛期施 1 次药,隔 6～7 天再施 1 次,方法同上。

☞ 防治白穗:在卵的盛孵期和破口吐穗期,采用早破口早用药,晚破口迟用药的原则,在破口露穗达 5%～10% 时,施第一次药,每亩用 25% 杀虫双水剂 150～200 毫升或 50% 杀螟松乳油 100 毫升,拌湿润细土 15 千克撒入田间,也可用上述杀虫剂对水 400 千克泼浇或对水 60～75 千克喷雾。如三化螟发生量大,蚁螟的孵化期长或寄主孕穗、抽穗期长,应在第一次药后隔 5 天再施 1～2 次,方法同上。

四、褐飞虱(图 14 – 11)

图 14 – 11　褐飞虱危害

(一)危害特点

成虫、若虫群集于稻丛下部刺吸汁液;雌虫产卵时,用产卵器刺破叶鞘和叶片,易使稻株失水或感染菌核病。排泄物常遭致霉菌滋生,影响水稻光合作用和呼吸作用,严重的稻株干枯,颗粒无收。

(二)生活习性

我国广大稻区主要虫源随每年暖湿气流夏季由南向北迁入和推进,秋季则由北向南回迁。每年约有 5 次大的迁飞行动,近年我国各稻区由于耕作制度的改变,水稻品种相当复杂,生育期交错,利于该虫种群数量增加,造成严重危害。该虫生长发育适温为 20～30℃,26℃最适,长江流域夏季不热,晚秋气温偏高利其发生,褐飞虱迁入的季节遇有雨日多、雨量大利其降落,迁入时易大发生,田间阴湿,生产上偏施、过施氮肥,稻苗浓绿,密度大及长期灌深水,利其繁殖,受害重。

天敌有稻虱缨小蜂、褐腰赤眼蜂、稻虱红螯蜂、稻虱索线虫、黑肩绿盲蝽等。

（三）防治方法

☞ 做好测报工作,搞好迁入趋势分析,种植时统一规划,合理布局,减少虫源。

☞ 加强田间肥水管理,防止后期贪青徒长,适当烤田,降低田间湿度。

☞ 选育推广抗虫丰产品种,防止褐飞虱新生物型出现。

☞ 保护利用天敌。

☞ 在若虫孵化高峰至 2 ~ 3 龄若虫发生盛期,及时喷洒 2.5% 扑虱蚜可湿性粉剂或 25% 扑虱灵可湿性粉剂,早稻、早中稻、晚稻田每亩 20 ~ 30 克,迟中稻田 50 克,或 10% 多来宝悬浮剂 50 ~ 100 毫升,也可用 10% 吡虫啉可湿性粉剂 2 000 倍液。可选用 75% 虱螟特(杀虫单加噻嗪酮)可湿性粉剂 650 克/公顷防治飞虱,兼治二化螟、三化螟、稻纵卷叶螟。

五、白背飞虱

（一）危害特点

以成虫和若虫群栖稻株基部刺吸汁液,造成稻叶叶尖褪绿变黄,严重时全株枯死,穗期受害还可造成抽穗困难,枯孕穗或穗变褐色;秕谷多等危害状。

（二）形态特征

成虫有长翅型和短翅型两种。长翅型成虫体长 4 ~ 5 毫米,灰黄色,头顶较狭,突出在复眼前方,颜面部有 3 条凸起纵脊,脊色淡,沟色深,黑白分明,胸背小盾板中央长有一五角形的白色或蓝白色斑,雌虫的两侧为暗褐色或灰褐色,而雄虫则为黑色,并在前端相连,翅半透明,两翅会合线中央有一黑斑;短翅型雌虫体长约 4 毫米,灰黄色至淡黄色、翅短,仅及腹部的一半。卵尖辣椒形,细瘦,微弯曲,长约 0.8 毫米,初产时乳白色,后变淡黄色,并出现 2 个红色眼点。卵产于叶鞘中脉等处组织中,卵粒单行排列成块,卵帽不外露。若虫近梭形长约 2.7 毫米,初孵时乳白色,有灰斑,后呈淡黄色,体背有灰褐色或灰青色斑纹。

(三)生活习性

白背稻虱亦属长距离迁飞性害虫,我国广大稻区初次虫源由南方热带稻区随气流逐代逐区迁入,其迁入时间一般早于褐飞虱,一年发生 1~8 代。白背稻虱在稻株上的活动位置比褐飞虱和灰飞虱都高。成虫具趋光性,趋嫩性,生长嫩绿的稻田,易诱成虫产卵危害;卵多产于水稻叶鞘肥厚部分组织中,也有产于叶片基部中脉内和茎秆中。一般初夏多雨,盛夏干旱的年份,易导致大发生。在水稻各个生育期,成虫、若虫均能取食,但以分蘖盛期、孕穗、抽穗期最为适宜,此时增殖快,受害重。

(四)防治方法

☞ 农业防治:选用抗(耐)虫水稻品种,进行科学肥水管理,创造不利于白背飞虱繁殖的生态条件。

☞ 生物防治:白背飞虱各虫期寄生性和捕食性天敌种类较多,除寄生蜂、瓢虫等外,还有蜘蛛、线虫、菌类对白背虱的发生有很大的抑制作用。保护利用好天敌,对控制白背飞虱的发生危害能起到明显的效果。

☞ 化学防治:根据水稻品种类型和飞虱发生情况,采取重点防治主害代低龄若虫高峰期的防治对策,如果成虫迁入量特别大而集中的年份和地区,采取防治迁入峰成虫和主害代低龄若虫高峰期相结合的对策。

六、灰飞虱(图14-12)

图14-12　灰飞虱

（一）危害特点

成虫、若虫刺吸水稻等寄主汁液,引起黄叶或枯死。

（二）形态特征

长翅型雌虫体长3.3~3.8毫米,短翅型体长2.4~2.6毫米,浅黄褐色至灰褐色,头顶稍突出。

（三）生活习性

多以3龄、4龄若虫在麦田、绿肥田、河边等处禾本科杂草上越冬。翌年早春旬均温高于10℃越冬若虫羽化。发育适温15~28℃,冬暖夏凉易发生。天敌有稻虱缨小蜂等。

（四）防治方法

☞　3月开始调查越冬卵的数量。

☞　于2月卵孵化前火烧枯叶,彻底清除田边塘沟杂草。

☞　掌握在越冬代2~3龄若虫盛发时喷洒10%吡虫啉可湿性

粉剂 1 500 倍液、50% 杀螟松乳油 1 000 倍液、20% 扑虱灵乳油 2 000 倍液、50% 马拉硫磷乳油 2 000 倍液,在药液中加 0.2% 中性洗衣粉可提高防效。此外喷 2% 叶蝉散粉剂,每亩 22 千克也有效。

七、直纹稻弄蝶

又称直纹稻苞虫,全国各稻区都有发生。能在游草、芦苇、稗等多种杂草上取食存活。抽穗前危害,使稻穗卷曲,无法抽出,或被曲折,不能开花结实,严重影响产量。

(一)形态特征

直纹弄蝶属鳞翅目,弄蝶科。成虫体长 17～19 毫米,翅展 36～42 毫米,体及翅都是黑褐色带金黄色光泽,触角棍棒状。前翅有白色半透明斑纹 8 个,排成半环形;后翅也有白色斑纹 4 个,排成一字形。

(二)防治方法

☞ 冬春季成虫羽化前,结合积肥,铲除田边、沟边、积水塘边的杂草,以消灭越冬虫源。

☞ 药剂防治:稻苞虫在田间的发生分布很不平衡,应做好测报,掌握在幼虫 3 龄以前,抓住重点田块进行药剂防治。在稻苞虫经常猖獗的地区内,要设立成虫观测圃(如千日红花圃)预测防治适期。在成虫出现高峰后 2～4 天是田间产卵高峰;10～14 天是田间幼虫出现盛期。在成虫高峰后 7～10 天,检查田间虫龄,决定防治日期。防治指标:一般在分蘖期每百丛稻株有虫 5 头以上,圆秆期 10 头以上的稻田需要防治。可选用下列药剂:每亩用 50% 杀螟松 1 000 倍液、10% 吡虫啉可湿性粉剂 1 500 倍液用水 50～75 升,喷雾防治。也可以每亩用杀螟杆菌菌粉(每克含活孢子 100 亿以上)100 克加洗衣粉 100 克对水 100 千克喷雾。

八、稻螟蛉

（一）形态特征

成虫体暗黄色。雄蛾体长 6～8 毫米,翅展 16～18 毫米,前翅深黄褐色,有两条平行的暗紫宽斜带;后翅灰黑色。雌蛾稍大,体色较雄蛾略浅,前翅淡黄褐色,两条紫褐色斜带中间断开不连续;后翅灰白色。

（二）生活习性

稻螟蛉以蛹在田间稻茬丛中或稻秆、杂草的叶包、叶鞘间越冬。年中多发生于 7、8 月间危害晚稻秧田,其他季节一般虫口密度较低。偶尔在 4 月、5 月发生危害早稻分蘖期。成虫日间潜伏于水稻茎叶或草丛中,夜间活动交尾产卵,趋光性强,且灯下多属未产卵的雌蛾。卵多产于稻叶中部,也有少数产于叶鞘,每一卵块一般有卵 3～5 粒,排成 1 或 2 行,也有个别单产,每雌蛾平均产卵 500 粒左右。稻苗叶色青绿,能招引成虫集中产卵。幼虫孵化后约 20 分开始取食,先食叶面组织,渐将叶绿素啃光,致使叶面出现枯黄线状条斑,3 龄以后才从叶缘咬起,将叶片咬成缺刻。幼虫在叶上活动时,一遇惊动即跳跃落水,再游水或爬到别的稻株上危害。虫龄越大,食量越大,最终使叶片只留下中肋一条。老熟幼虫在叶尖吐丝把稻叶曲折成粽子样的三角苞,藏身苞内,咬断叶片,使虫苞浮落水面,然后在苞内结茧化蛹。重要天敌:卵寄生蜂类如稻螟赤眼蜂,幼虫的寄生蜂类如螟蛉绒茧蜂等,常年寄生率都很高;捕食性天敌有蜘蛛等。

（三）防治方法

☞ 冬季结合积肥铲除田边杂草。

☞ 化蛹盛期摘去并捡净田间三角蛹苞。

☞ 盛蛾期装灯诱杀。

☞ 掌握在幼虫初龄使用药剂防治,可选用 90% 敌百虫结晶或 80% 敌敌畏乳油,或每亩用 18% 杀虫双 250～300 毫升或 30% 乙酰甲胺磷 120～160 毫升对水 40～50 千克喷雾。

☞ 放鸭食虫。

九、大螟

(一)形态特征

成虫雌蛾体长 15 毫米,翅展约 30 毫米,头部、胸部浅黄褐色,腹部浅黄色至灰白色;触角丝状,前翅近长方形,浅灰褐色,中间具小黑点 4 个排成四角形。雄蛾体长约 12 毫米,翅展 27 毫米。

(二)危害症状

基本同二化螟。幼虫蛀入稻茎危害,也可造成枯梢、枯心苗、枯孕穗、白穗及虫伤株。大螟危害的孔较大,有大量虫粪排出茎外,有别于二化螟。大螟危害造成的枯心苗,蛀孔大、虫粪多,且大部分不在稻茎内,多夹在叶鞘和茎秆之间,受害稻茎的叶片、叶鞘部都变为黄色。大螟造成的枯心苗田边较多,田中间较少,区别于二化螟、三化螟危害造成的枯心苗。

(三)防治方法

☞ 对第一代进行测报,通过查上一代化蛹进度,预测成虫发生高峰期和第一代幼虫孵化高峰期,报出防治适期。

☞ 铲除田边杂草,消灭越冬螟虫。

☞ 根据大螟趋性,早栽早发的早稻、杂交稻以及大螟产卵期正处在孕穗至抽穗或植株高大的稻田是化防之重点。防治策略为狠治一代,重点防治稻田边行。生产上当枯鞘率达 5% 或始见枯心苗危害状时,大部分幼虫处在 1～2 龄阶段,及时喷洒 18% 杀虫双水剂,每亩施药 250 毫升,对水 50～75 千克或 90% 杀螟丹可溶性粉剂 150～200 克或 50% 杀螟丹乳油 100 毫升对水喷雾。

十、稻瘿蚊

（一）危害特点

幼虫吸食水稻生长点汁液,致受害稻苗基部膨大,随后心叶停止生长且由叶鞘部伸长形成淡绿色中空的葱管,葱管向外伸形成"标葱"。水稻从秧苗到幼穗形成期均可受害,受害重的不能抽穗,几乎都形成"标葱"或扭曲不能结实。

（二）形态特征

成虫体长 3.5～4.8 毫米,形状似蚊,浅红色,触角 15 节,黄色,第一、二节球形,第三～十四节的形状雌、雄有别:雌虫近圆筒形,中央略凹;雄蚊似葫芦状,中间收缩,好像 2 节。中胸小盾板发达,腹部纺锤形隆起似驼峰。前翅透明具 4 条翅脉。

（三）防治方法

防治稻瘿蚊的策略是"抓秧田,保本田,控危害,把三关,重点防住主害代"。

☞ 选用抗虫品种。

☞ 春天及时铲除稻田游草及落谷再生稻,减少越冬虫源。把单、双季稻混栽区因地制宜改为纯双季稻区,调整播种期和栽插期,避开成虫产卵高峰期。

☞ 注意防止秧苗带虫,必要时用90%晶体敌百虫800倍液浸秧根后用塑料膜覆盖5小时后移栽。

☞ 晚稻播种时,每亩用5%杀虫双颗粒剂1～1.5千克在秧苗移栽前7～8天,拌细干土20千克制成毒土撒施。

☞ 搞好虫情监测预报,对稻瘿蚊主要危害世代的发生做出及时、准确的预测预报。

☞ 加强农业防治和健身控害栽培:夏收夏种季节,及时耙沤已收早稻田块,铲除田基、沟边杂草,用烂泥糊田埂等,可消灭杂草、稻根腋芽及再生稻上的虫源,减少虫口基数。利用抗性资源,示范推广种植抗蚊品种。

☞ 注意保护利用天敌。

☞ 科学用药。秧田用药防治主要采用毒土畦面撒施方法。于秧苗起针到 2 叶 1 心期或移栽前 5 ~ 7 天,每亩用 10% 益舒宝 1.25 ~ 1.5 千克拌土 10 ~ 15 千克均匀撒施。施药秧田要保持浅薄水层,并让其自然落干,让田土带药,为了防止秧苗带虫,用 90% 晶体敌百虫 800 倍液浸秧根后用薄膜覆盖 5 小时后移栽。本田防治在本田禾苗回青后到有效分蘖期,即播后 7 ~ 20 天内施药。一般只对有效分蘖期与稻瘿蚊入侵期相吻合的田块实行重点施药防治。药肥兼施,以药杀虫,以肥攻蘖,促蘖成穗。用药方法同秧田期,但应适当增加用药量。注意选用内吸传导性强兼杀卵的杀虫剂。

十一、稻秆潜蝇

(一)危害特点

以幼虫蛀入茎内危害心叶、生长点、幼穗。苗期受害长出的心叶上有椭圆形或长条形小孔洞,后发展为纵裂长条状,致叶片破碎,抽出的新叶扭曲或枯萎。受害株分蘖增多,植株矮化,抽穗延迟,穗小,秕谷增加。幼穗形成期受害出现扭曲的短小白穗,穗形残缺不全或出现花白穗。近年该虫危害呈上升的趋势。

(二)形态特征

成虫体长 2.3 ~ 3 毫米,翅展 5 ~ 6 毫米,体鲜黄色。头部、胸部等宽,头部背面有一钻石形黑色大斑;复眼大,暗褐色;触角 3 节,基节黄褐色,第二节暗褐色,第三节黑色膨大呈圆板形,触角芒黄褐色,与触角近等长。胸部背面具 3 条黑色大纵斑,腹部纺锤形,各节背面前缘具黑褐色横带,第一节背面两侧各生一黑色小点。体腹面浅黄色。翅透明,翅脉褐色。卵长 0.7 ~ 1 毫米,白色,长椭圆形。末龄幼虫体长约 6 毫米,近纺锤形,浅黄白色,表皮强韧具光泽。尾端分两叉。蛹长 6 毫米,浅黄褐色至黄褐色,上具黑斑,尾端也分两叉。

(三)生活习性

冬暖夏凉的气候适其发生,日均温 35℃以上,幼虫发育受阻。多露、阳光不足、环境潮湿、田水温度低危害重。

(四)防治方法

采用狠治一代,挑治二代,巧治秧田的策略。一代危害重且发生整齐,盛期也明显,对防治有利。成虫盛发期、卵盛孵期是防治适期,当秧田每平方米有虫 3.5 ~ 4.5 头或本田每 100 丛有虫 1 ~ 2 头或产卵盛期末,秧田平均每株秧苗有卵 0.1 粒,本田平均每丛有卵 2 粒时开始防治成虫喷洒 80% 敌敌畏乳油或 50% 杀螟松乳油,每亩 50 毫升,对水 50 千克。防治幼虫用 40% 乐果乳油 150 ~ 200 毫升对水 50 千克喷雾,也可用 50% 杀螟松乳油,每亩用药 100 毫升,对水 50 千克。对带卵块的秧田,可用 40% 乐果乳油 250 倍液浸秧根 1 分,也可用 50% 杀螟松乳油 300 倍液或 36% 克螨蝇乳油 1 000 倍液浸秧根。浸秧时间需根据当时温度、秧苗品种及素质先试验后再确定,以防产生药害。

十二、中华稻蝗

(一)危害特点

成虫、若虫食叶成缺刻,严重时全叶被吃光,仅残留叶脉。

(二)形态特征

成虫雄体长 15 ~ 33 毫米,雌虫 19 ~ 40 毫米,黄绿、褐绿、绿色,前翅前缘绿色,余淡褐色,头宽大,卵圆形,头顶向前伸,颜面隆起宽,两侧缘近平行,具纵沟。复眼卵圆形,触角丝状,前胸背板后横沟位于中部之后,前胸腹板突圆锥形,略向后倾斜,翅长超过后足腿节末端。雄虫尾端近圆锥形,肛上板短三角形,平滑无侧沟,顶端呈锐角。

雌虫腹部第二~三节背板侧面的后下角呈刺状,有的第三节不明显。产卵瓣长,上下瓣大,外缘具细齿。卵长约 3.5 毫米,宽 1 毫米,长圆筒形,中间略弯,深黄色,胶质卵囊褐色,包在卵外面,囊内含卵 10 ~ 100 粒,多为 30 粒左右,斜列 2 纵行。若虫 5 ~ 6 龄,少数 7 龄。1 龄灰绿色,头大高举,无翅芽,触角 13 节;2 龄绿色,头胸侧的黑褐色纵纹开始显现,触角 14 ~ 17 节;3 龄浅绿色,头胸两侧黑褐色纵纹明显,沿背中线淡色中带明显,触角 18 ~ 19 节,微露翅芽;4 龄翅芽呈三角形,长未达腹部第一节,触角 20 ~ 22 节;末龄翅芽超过腹部第三节,触角 23 ~ 29 节。

(三)生活习性

成虫寿命 59 ~ 113 天,产卵前期 25 ~ 65 天,一代区卵期 6 个月,二代区第一代 3 ~ 5 个月,第二代近 1 个月,若虫期 42 ~ 55 天,成虫 80 天。喜在早晨羽化,羽化后 15 ~ 45 天开始交配,一生可交配多次,夜晚闷热时有扑灯习性。卵成块产在土下,田埂上居多,每雌产卵 1 ~ 3 块。初孵若虫先取食杂草,3 龄后扩散危害水稻或豆类等。天敌有蜻蜓、螳螂、青蛙、蜘蛛、鸟类。

(四)防治方法

☞ 稻蝗喜在田埂、地头、渠旁产卵。发生重的地区组织人力铲埂、翻埂杀灭蝗卵,具明显效果。

☞ 保护青蛙、蟾蜍,可有效抑制该虫发生。

☞ 抓住 3 龄前稻蝗群集在田埂、地边、渠旁取食杂草嫩叶特点,突击防治,当进入 3 ~ 4 龄后常转入大田,当百株有虫 10 头以上时,施用药剂同二化螟、三化螟,均可取得较好防治效果。

十三、稻水象甲

(一)形态特征

成虫长 2.6 ~ 3.8 毫米。喙与前胸背板几等长,稍弯,扁圆筒形。

前胸背板宽。鞘翅侧缘平行,比前胸背板宽,肩斜,鞘翅端半部行间上有瘤突。雌虫后足胫节有前锐突和锐突,锐突长而尖,雄虫仅具短粗的两叉形锐突。蛹长约 3 毫米,白色。幼虫体白色,头黄褐色。卵圆柱形,两端圆。

(二)危害特点

半水生昆虫,成虫在地面枯草上越冬,3 月下旬交配产卵。卵多产于浸水的叶鞘内。初孵幼虫仅在叶鞘内取食,后进入根部取食。羽化成虫从附着在根部上面的蛹室爬出,取食稻叶或杂草的叶片。成虫平均寿命 76 天,雌虫寿命更长,可达 156 天。危害时虫口密度可达每平方米 200 头以上。

(三)防治方法

稻田秋耕灭茬可大大降低田间越冬成虫的成活率。结合积肥和田间管理,清除杂草,以消灭越冬成虫。水稻收获后要及时翻耕土地,可降低其越冬存活率。保护青蛙、蟾蜍、蜘蛛、蚂蚁、鱼类等天敌。应用白僵菌和线虫对其成虫防治有效。施药品种以选用拟除虫菊酯类农药为宜。严禁从疫区调运可携带传播该虫的物品。对来自疫区的交通工具、包装填充材料应严格检查,必要时做灭虫处理。

十四、黑尾叶蝉

(一)危害特点

黑尾叶蝉取食和产卵时刺伤寄主茎叶,破坏输导组织,受害处呈现棕褐色条斑,致植株发黄或枯死。

(二)形态特征

成虫体长 4.5~6 毫米。头至翅端长 13~15 毫米。本科成员种类不少,最大特征是后脚胫节有 2 排硬刺。体色黄绿色;头、胸部有小黑点;上翅末端有黑斑。头与前胸背板等宽,向前成钝圆角突出,头顶复眼间接近前缘处有 1 条黑色横凹沟,内有 1 条黑色亚缘横带。复眼黑褐色,单眼黄绿色。雄虫额唇基区黑色,前唇基及颊区为淡黄绿色;雌虫颜面为淡黄褐色,额唇基的基部两侧区各有数条淡褐色横纹,颊区淡黄绿色。前胸背板两性均为黄绿色。小盾片黄绿色。前翅淡蓝绿色,前缘区淡黄绿色,雄虫翅端 1/3 处黑色,雌虫为淡褐色。雄虫胸、腹部腹面及背面黑色,雌虫腹面淡黄色,腹背黑色。各足黄色。卵长茄形,长 1 ~ 1.2 毫米;末龄若虫体长 3.5 ~ 4 毫米,若虫共 4 龄。

(三)生活习性

叶蝉多半会危害植物生长,部分种类更是稻作的重要害虫。成虫把卵产在叶鞘边缘内侧组织中,每雌产卵 100 ~ 300 多粒,幼虫喜栖息在植株下部或叶片背面取食,有群集性,3 ~ 4 龄若虫尤其活跃。越冬若虫多在 4 月羽化为成虫,迁入稻田或茭白田危害,少雨年份易大发生。主要天敌有褐腰赤眼蜂、捕食性蜘蛛等。

(四)防治方法

☞ 选用抗虫品种。

☞ 注意保护利用天敌昆虫和捕食性蜘蛛。

☞ 调查成虫迁飞和若虫发生情况,因地制宜确定当地防治适期,及时喷洒 2% 叶蝉散粉剂。也可用 50% 杀螟松乳油 1 000 倍液、90% 杀虫单原粉, 50 ~ 60 克/亩对水喷雾。

十五、稻蓟马(图 14 - 13)

(一)危害特点

成虫、若虫以口器锉破叶面,成微细黄白色斑,叶尖两边向内卷折,渐及全叶卷缩枯黄,分蘖初期受害重的稻田,苗不长、根不发、无分蘖,甚至成团枯死。晚稻秧田受害更为严重,常成片枯死,状如火烧。穗期成、若虫趋向穗苞,扬花时,转入颖壳内,危害子房,造成空秕粒。

(二)形态特征

稻蓟马成虫 体长 1 ~ 1.3 毫米,黑褐色,头近似方形,触角 7 节;

图 14 – 13　稻蓟马

翅淡褐色、羽毛状,腹末雌虫锥形,雄虫较圆钝;卵为肾形,长约 0.26
毫米,黄白色。若虫共 4 龄,4 龄若虫又称蛹,长 0.8 ~ 1.3 毫米,淡黄
色,触角折向头与胸部背面。

(三) 生活习性

稻蓟马生活周期短,发生代数多,世代重叠,多数以成虫在麦田、
禾本科杂草等处越冬。成虫,常藏身卷叶尖或心叶内,早晚及阴天外
出活动,有明显趋嫩绿稻苗产卵习性,卵散产于叶脉间,幼穗形成后
则以心叶上产卵为多。初孵幼虫集中在叶耳、叶舌处,更喜欢在幼嫩
心叶上危害。7 月、8 月低温多雨,有利于发生危害;秧苗期、分蘖期
和幼穗分化期,是蓟马的严重危害期,尤其是晚稻秧田和本田初期受
害更重。

(四) 防治方法

☞　农业防治:调整种植制度,尽量避免水稻早、中、晚混栽,相
对集中播种期和栽秧期,以减少稻蓟马的繁殖桥梁田和辗转危害的
机会。合理施肥,在施足基肥的基础上,适期适量追施返青肥,促使
秧苗正常生长,减轻危害。防止乱施肥。

☞　化学防治:依据稻蓟马的发生危害规律,遭受稻蓟马的危

害时期,一是秧苗 4 ~ 5 叶期用药一次,二是本田稻苗返青期。这两个时期应是保护的重点。即在秧田秧苗 4 ~ 5 叶期用药一次,第二次在秧苗移栽前 2 ~ 3 天用药。

☞ 防治指标:常见卷叶苗,叶尖初卷率15% ~ 25%,则列为防治对象田。

十六、稻管蓟马

(一)分布危害

我国大部分稻区都有发生。危害水稻、麦类、玉米、高粱、甘蔗、葱和烟草等。成虫及若虫以锉吸式口器锉破水稻叶面成微细黄白色伤斑,由叶尖开始,渐至全叶卷缩枯黄。抽穗期集中危害嫩穗,造成秕谷。

(二)形态特征

成虫:体长 1.5 ~ 1.8 毫米,黑褐色,触角 8 节,第三 ~ 五节上有感觉锥,第三节上仅外方有 1 个。眼后鬃端尖,不呈钝形。前翅细长,顶端圆,中央稍凹陷,淡色透明,仅基部有小鬃 3 根,翅缘密生长缨毛。第十腹节管状,顶端有长毛 6 根。卵:椭圆形,长约 0.3 毫米,黄白色。若虫:似成虫,无翅,老熟时带桃红色。

(三)生活习性

湖北一年发生 2 代,第一代发生在 6 月,第二代 8 月。以成虫在田边枯叶内、树皮下、杂草中或土缝中越冬。春季危害麦苗,以后迁到秧田危害,稻麦灌浆期危害最重。成虫活泼,群集在花、叶鞘或卷缩的叶内。

(四)防治方法

秧田危害时,在叶尖初卷期用 10% 吡虫啉可湿性粉剂2 500倍液、5% 锐劲特悬浮剂1 500倍液、5% 蚜虱净2 000倍液,每亩对水60 ~ 75 升,喷雾防治。或 90% 敌百虫1 000 倍液浸秧。亦可灌水至离秧尖 0.03 ~ 0.06 米,每亩滴柴油 250 ~ 500 克(看苗大小而定),油扩散后用竹竿拨动,把虫打落水,然后排水。

十七、稻绿蝽

(一)危害特点

成虫和若虫吸食汁液,影响作物生长发育,造成减产。

(二)形态特征

成虫全绿型体长 12 ~ 16 毫米,宽 6.0 ~ 8.5 毫米。长椭圆形,青绿色(越冬成虫暗赤褐),腹下色较淡。头近三角形,触角 5 节,基节黄绿,第三、四、五节末端棕褐,复眼黑,单眼红。蛹 4 节,伸达后足基节,末端黑色。前胸背板边缘黄白色,侧角圆,稍突出,小盾片长三角形,基部有 3 个横列的小白点,末端狭圆,超过腹部中央。前翅稍长于腹末。足绿色,跗节 3 节,灰褐,爪末端黑。腹下黄绿或淡绿色,密布黄色斑点。

(三)生活习性

北方地区年发生 1 代,以成虫在杂草、土缝、灌木丛中越冬。卵的发育起点温度为 12℃左右,若虫为 11℃左右。卵成块产于寄主叶片上,规则地排成 3 ~ 9 行,每块 60 ~ 70 粒。1 ~ 2 龄若虫有群集性,若虫和成虫有假死性,成虫并有趋光性和趋绿性。

(四)防治方法

☞ 冬季清除田园杂草地被,消灭部分成虫。

☞ 灯光诱杀成虫。

☞ 成虫和若虫危害期,喷洒广谱性杀虫剂。

第三节
水稻草害的发生与防控策略

　　水稻田主要杂草有稗、稻稗、异型莎草、水莎草、眼子菜、牛毛毡、牛筋草、千金子、水马齿苋、水苋菜、扁秆藨草、水蓼、野慈姑、长芒野稗、无芒稗、碎米莎草、浮萍、雨久花、鸭舌草、醴肠、马唐等。这些杂草对水田作物的危害很大。因此，识别并防除水稻杂草就显得十分重要。

一、直播稻田杂草防除

　　随着农村劳力的短缺，农民在水稻种植上越来越趋向于省工、省时、高效的轻型栽培。直播是一种解放劳动力的轻简栽培技术，但直播稻田往往受杂草危害比较严重，杂草的防除就成为直播稻田成败的关键。危害直播稻田的杂草主要有稗草、千金子、鸭舌草、节节菜、异型莎草、牛毛毡、眼子菜、野慈姑、日照飘拂草等。直播稻田可从以下几处入手，进行杂草防除。

（一）直播稻田杂草的发生特点

　　出草时间早，在落谷后 7 天左右，就有杂草开始萌发；杂草种类多，有稗草、千金子、节节菜、水蓼、鸭舌草和各类莎草等；密度大，杂草与水稻的共生期长，且前期秧苗密度低，杂草个体生长空间相对较大，有利于杂草旺盛生长，危害秧苗。

（二）直播稻田杂草的防除

　　☞ 以苗压草：通过浸种后露白播种，加快水稻出苗，争取一次齐苗提前，拉大出苗与出草的时间差，促进秧苗先于杂草形成群个体优势,在一定程度上达到压低杂草基数和抑制杂草生长的效果。

☞ 以药灭草:采用一封一补二次除草法。根据杂草萌发规律,直播稻播后 10～20 天是杂草萌发第一个高峰期,其出草量占总出草量的 65% 左右,因此控制第一出草高峰是直播稻田化学除草的关键。为有效控制第一出草高峰,第一次用药时间为播种后 1 周内,每亩 60% 丁草胺乳油 100 毫升对水 50 千克均匀喷雾,或每亩 12% 农思它乳油 200～250 毫升或 25% 农思它乳油 100～120 毫升喷雾。保持田间湿润 5 天左右。部分田块由于第一次在用药时间、用药量及药后水浆管理等方面没有掌握好。就必须补用第二次药,时间为秧苗 4～5 叶期。

☞ 以水控草:在水浆管理上,3 叶期前坚持湿润灌溉,促进出苗扎根,3 叶期开始建立浅水层。既促进秧苗生长,又抑制杂草生长。

☞ 人工拔草:到水稻生长中期,及时人工拔净田间残留杂草,既降低杂草对水稻产量的影响,又减少翌年杂草基数。

二、水稻田杂草防除

(一)水稻田杂草的发生特点与常用除草剂

秧田杂草种类多,密度高,与秧苗争肥、争水、争空间,影响秧苗素质,不利于培育壮苗。适时开展秧田杂草的防除,确保秧苗正常生长,为夺取水稻丰收打好基础。

常用除草剂:

☞ 90% 禾草丹(杀草丹)乳油,一般每亩用 100 毫升,加水 30 千克,在水稻播种前 1 天或播种覆土后均匀喷洒床面。或于水稻秧苗 1.5～2 叶期均匀喷雾,湿润施药,药后 12～24 小时灌浅水,保水 5 天。

☞ 36% 二氯·苄可湿性粉剂,一般亩用 30 克左右,于水稻秧苗 2 叶 1 心至 3 叶期每亩加水 30～40 千克均匀喷雾。湿润施药,药后 24～48 小时灌水 3 厘米左右,保水 5 天。

☞　30%丙草胺(扫弗特)乳油,一般亩用100毫升左右,水稻催芽播种后2～4天,加水30千克均匀喷雾或混细润土20千克均匀撒施,施药时田间浅水,保水3～4天。

☞　50%优克稗乳油40～50毫升于水育秧田水稻播种后1～5天,药土法施药。施药时田间水层4厘米左右,保水4～5天。或用17.2%幼禾葆(优克稗＋苄嘧磺隆复配剂)可湿性粉剂,在湿润育秧田,一般亩用200克,于水稻播后2～4天,喷雾法施药,湿润用药,药后建水层。

☞　96%禾草敌(禾大壮)乳油,一般亩用100毫升,于秧苗2叶1心至3叶1心期药土法施药,水层3厘米左右,保水5天。

(二)水稻田杂草的防除

☞　抛秧田:亩用30%抛秧一次净可湿剂80～100克;亩用35%丁苄可湿剂80～100克。可防除稗草、牛毛毡、碎米莎等莎草、禾本科杂草。

☞　移栽田:亩用20%华星草克可湿性粉剂20～30克;亩用30%金赛锄可湿剂20～30克;亩用25%精克草星可湿剂20～25克。可防除稗草、牛毛毡、碎米莎等莎草、禾本科杂草。阔叶杂草(鲤肠、节节草等)防除,亩用75%巨星(净叶净)干燥悬浮剂1～1.25克,或20%使它隆乳油30～40毫升。

除草剂施用方法及注意事项

☞　施用方法:水稻移栽前或移栽后5～7天即采用毒土法施药。即先将亩用药剂对水成1～1.5千克母液,然后均匀喷雾在备好的30千克沙土中,边喷边混,直到拌匀,使毒土捏在手中能成团,撒到田间能散开即可。

☞　注意事项:施药田要平整,并做好子埂;毒土要混均匀;药量要准确;施药要适期,等秧苗露水干后撒施,保证3～5厘米水层,保水5～7天;施药后15天内不准人、畜下田,以免影响防效。

第十五章

除草剂药害及预防措施

本章导读：水稻生长在特殊的水生环境，杂草的危害非常常见，稻田使用除草剂也越来越多，尤其在稻麦两熟区麦田除草剂的使用，水稻除草剂药害时有发生。了解除草剂药害症状及常用除草剂使用方法，对减少危害十分必要。

除草剂使用对水稻生产中杂草防治有重要作用。但常常因使用不当或其他疏忽,会对水稻生产造成药害,严重时可导致大幅减产。水稻生产过程中除草剂种类较多,了解其施用后可能产生的药害症状,加强药害诊断,及时采取预防措施,从而降低因除草剂施用不当可能对水稻造成的药害,对保障水稻安全生产有重要意义。

第一节
水稻除草剂药害判断与补救

一、除草剂药害原因

　　除草剂质量不佳,误用或使用不当。如快杀稗在水稻苗期使用易产生药害。混用药剂不当,如敌稗与乐果、西维因等农药混用,造成水稻药害。施用方法不当,有的除草剂要求田块平整,施药后要保持一定时间的浅水层,如果水层淹过水稻的心叶,则易产生药害。没有遵守用药对气候环境条件的要求,一般来看,气温高、日照强、土壤中含有机质低,对药剂吸附能力弱、易淋溶、在土壤中扩散,易产生药害。

二、除草剂药害判断

　　水稻因沤根、缺素或病虫害等,有时会出现与除草剂药害相类似的症状,但通过调查、检验和分析,仍可判别是否属除草剂药害。

(一)从施药时期和施药量判断
　　如果施药防治草害的时间在水稻插(抛)秧后 1～2 天,则较敏感,容易出现药害。个别农药产品高剂量施用也容易出现药害。

（二）查肥、水、土壤状况判断

查水深度,如药后灌水过深(浸没生长点),易产生药害。查施肥是否属氮、磷、钾等配合施用,是否施用未腐熟的有机肥、稻秆绿肥沤田是否得当。冷浸糊烂田容易出现僵苗坐蔸,查所灌水水源是否富含有机物或其他有害物质污染。

（三）查病虫害判断

稻管蓟马及稻食根叶甲危害的稻株会变矮小簇生,叶尖部分呈管状卷起变枯黄,须根短小等。水稻普通矮缩病的症状主要是叶片黄化,植株矮缩,顶部叶尖先褪色,出现碎斑块,从叶尖起渐黄化,但叶脉仍保持绿色,叶片常呈明显的黄绿相间条纹,最后叶变黄枯卷。

（四）看施药前后禾苗长势判断

水稻插秧正常回青立苗后,如果异常症状发生在施药后,而相邻同秧质同品种其他田块禾苗生长正常的可能是药害。

三、除草剂药害防治措施

施除草剂田块插(抛)秧后,要加强田间巡查,当断定出现除草剂药害时,要立即采取措施,以减小损失。

（一）重新插（抛）秧

经诊断确认禾苗药害严重,禾苗黄化占 8 成以上,部分出现枯萎的,要筹集秧苗立即补插(抛)。操作方法:先排清田水,轻耙 1 次后再排放浊水,然后耙平,插(抛)秧。近年,播种及插(抛)秧季节较传统季节提早 7～15 天。发现药害至补插一般是 5～10 天,季节矛盾不突出。据我们多季多点实践指导,发生药害后及时进行补插处理,均不影响正常抽穗和收获,产量较相邻同等地力水平的田块差异在5% 以下,差异不显著。

（二）加强肥水管理及中耕

发现药害田块首先要排清已施药的田水,灌入新鲜的活水。其次是耘田中耕,打破原来的药液层,把表层土吸附的药剂翻入深土中,减少药剂对水稻根系的作用。耘田后 2～3 天,每公顷施 30～60 千克进口复合肥,促根长叶,加快生长。二甲四氯药害水稻出现叶黄、株高、分蘖受抑制等症状,应及时施速效氮肥,促进生长,喷洒激素和叶面肥可缓解药害,也可喷洒赤霉素减轻药害。

(三)施用生根剂

排水、耘田及施肥后,最好每公顷泼施浓度为 200 毫克/千克的生根剂 ABT 3 000 千克,对促根有较好效果,根数可增加 25%～40%。生长速度加快,够苗期仅滞后 5～7 天。

第二节
主要除草剂药害症状

一、丁草胺

丁草胺主要适用于水稻移栽田,施药时水层保持在 3～5 厘米,不要淹过稻心(生长点),否则容易产生药害。通过调查发现,目前水稻生产中随意加大使用量的现象普遍存在,甚至比推荐药量加大了 2～3 倍。气候正常年份,超量施用丁草胺后,由于气候干燥,药效发挥不充分,没有引起药害或者是药害发生较轻。如施药后遇到大雨天气,药效充分发挥,则造成丁草胺药害的发生,水稻秧苗生长严重受抑。另外,施药不均匀,药剂与沙或肥料混合不匀,或施药时喷撒不均匀,造成局部地方施药量过大,从而造成药害现象;施药时田间水层过深,淹没水稻心叶。使得丁草胺药液对水稻生长点直接产生影响,出现药害症状。或者使用丁草胺的同时,又添加了防除同一杂草种类的其他药剂,既加大了药害,又增加了防治成本。

丁草胺的药害受气候因素影响。插秧后出现连续的低温大雨天气,容易导致部分田块积水严重,以至于淹没稻心产生药害,通过调查发现,降雨后及时排水的地块药害轻,没有排水造成秧苗长时间淹心的地块药害重。

(一)药害症状

插后水稻秧苗出现植株轻度矮缩,叶色稍褪绿,心叶扭曲或无心叶,水稻根变黄,新根生长受到抑制。稻芽(生长点)吸收丁草胺后,秧苗生长受抑制,甚至造成秧苗死亡。

(二)预防措施

👉 把好育苗关,提高秧苗素质。精选种子,育苗的时候保证每个钵孔里有 3~4 粒种子就可以了,插前 3~5 天施好送嫁肥和送嫁药。增强秧苗素质,提高自身解毒能力。

👉 关注天气变化。施药后要避免由于降水造成的秧田积水,如果遇到降水要随降随排,避免水层淹过水稻生长点。

👉 及时确认丁草胺药害。插后水稻秧苗出现植株轻度矮缩,叶色稍褪绿,心叶扭曲或无心叶,水稻根变黄,新根生长受到抑制的时候,一定要及时与农科部门沟通,确认以后要及时地进行补救。受害严重的地块也不要弃管,要认清药害产生的真正原因,配合农科部门搞好调查,对症下药,不乱用缓解药,以免增加投入成本。

👉 合理使用丁草胺。国产丁草胺最好用于插前土壤封闭,每公顷使用750毫升,用药48小时以后进行移栽。移栽后可选用进口丁草胺或者是阿罗津、禾大壮等对水稻分蘖无抑制作用的除草剂品种,每公顷使用750~1 125毫升。严格按照说明书使用,不随意增加用药量。禁止使用含有甲草胺、乙草胺、都尔等成分的药剂。

👉 药害缓解办法。一旦发生药害用清水冲洗几次,或适当追施硫酸铵或磷酸二氢钾等速效肥料,以增加养分,加强秧苗生长活力,促进早发和加速作物恢复能力,对受害较轻的种苗效果比较明显。

👉 建议水稻发生丁草胺药害后,绝不能弃管。对受害程度较轻的,应积极采取措施促其转化。主要通过加强肥水管理,使之尽快恢复生机,也可施用解毒物品进行缓解。对受害严重而且无法挽救的,只有抓住农时改种其他作物,以弥补损失。

二、毒草胺

毒草胺为苗前及苗后早期施用的除草剂,可用于水稻、玉米、棉花、花生、大豆和某些蔬菜作物上防除一年生禾本科及某些阔叶杂草,适宜用量使用一般不产生药害,但过量施用毒草胺或施药不均匀,可产生不同程度的药害。

(一)药害症状

轻度药害的水稻植株稍矮;中度药害植株明显矮缩,叶色黄,心叶不能抽出,分蘗受抑制;重度药害植株明显矮缩,叶片严重褪绿,部分老叶枯黄,分蘗明显受到抑制。

毒草胺药害症状一般粳稻重于籼稻。

(二)预防措施

　控制施药量。

　施药时田间保持适宜水层(以4厘米为宜),忌水淹水稻心叶或断水。

　出现药害可用清水冲洗多次,追施速效肥,以缓解药害。

三、禾大壮

禾大壮(禾草特、草达灭、环草丹、杀克尔)是水稻秧田、水直播稻田和移栽稻田的优良除稗剂,对稻田的稗草防治有特效,对水稻基本安全,但施用不当,也可能对水稻造成药害。

（一）药害症状

在播前或播后芽前施用禾大壮易发生药害,主要受害症状有出苗率下降,长出的苗矮小畸形,叶鞘紧,叶片不能展开,叶色深;立针期发生药害,稻苗矮缩、基部膨大、叶色浓绿、部分死苗。受害轻的开始时部分叶片上有褐色斑点,继而扩大到整个植株叶片全有褐斑,受害重的不能展叶。移栽稻田若发生药害,表现为稻苗植株矮化,分蘖减少,生长停滞。严重时抽穗延迟,导致减产。

（二）预防措施

☞ 适期用药:避开水稻敏感期,提倡在秧苗叶后施药,若在水直播田播前施药,至少隔 24 小时方可播浸种露白的稻谷种子。撒施禾大壮毒土时,要等稻叶上露水或雨水干。

☞ 旱直播田为防止药害,一般改未浸种露白播种为浸种露白播种。药后播种浸种催芽的稻谷要求浅塌谷,不能播后覆土。拌毒土或毒沙时以原乳油拌入,禁掺水。拌匀撒匀,防止局部过量。精细整地。若播前混土,可采取干整地—干土喷药—混土—灌水—播种的程序,稻谷要求浸种至露白。

☞ 适量用药:每公顷用禾大壮 1 650 ~ 2 250 毫升,不超过 2 250毫升。

☞ 排水施肥。避免寒流到来前施药,万一药后遇低温产生药害,可排水施一些肥料,温度回升时可恢复。保水 1 厘米,勿深水用药。

四、莎扑隆

莎扑隆(香草隆、杀草隆)是一种取代脲类选择性、芽前土壤处理型低毒除草剂,主要用于土壤处理,不能用于茎叶处理。药剂通过杂草的根部吸收,通过抑制细胞分裂及地下根、茎的伸长而杀死杂草。常用剂型为 50% 可湿性粉剂。莎扑隆对稻田莎草防治有特效。当连续施用丁草胺和杀草丹,多年生莎草如扁秆藨草加重时,莎扑隆是成本低、效果好、使用方便的除莎草剂。莎扑隆对水稻基本安全,一般不会产生药害,但施用不当,也可能对水稻产生药害。

(一)药害症状

莎扑隆危害症状表现为影响秧苗株高和初叶速度,严重时表现植株矮化。受害的秧苗移栽大田后,轻的药害很快消失,重的表现为僵苗。移栽稻田药害表现叶色略淡,粗看与正常株无异。药害轻的水稻稍有矮化,株高增长缓慢,整个生育期推迟一天,对产量影响不大。药害生育期推迟一天,对产量影响不大。药害重的对水稻分蘖有影响,僵苗不发,抽穗推迟一天,穗形变小,千粒重下降,显著影响产量。

(二)预防措施

☞ 适量施药。移栽稻田每公顷用量不超过 7 500 克。

☞ 均匀撒施,均匀混土。最好在耕前均匀撒施,而后耙地,要求耙齿入土深度一致。

☞ 混土深度最好在 5 厘米左右,切勿太浅。

☞ 平整土地,防药液集中到低洼地方造成局部药害。

五、骠马

骠马通用名为精噁唑禾草灵,精噁唑禾草灵为内吸性茎叶处理除草剂,药物被禾本科杂草的茎、叶吸收后,即在杂草体内上下传导到分蘖、叶、根部生长点,抑制杂草分生组织中脂肪酸的合成。一般施药后 2~3 天杂草停止生长,然后分蘖基部坏死,叶片出现褪绿症状,最后杂草死亡。水稻对精噁唑禾草灵有较强的抗耐性,在用药量较少的情况下一般不会产生药害,骠马一般在直播田使用,特别是禾本科杂草发生量大、种类多,防除困难时,常有农民用除草剂骠马防除禾本科杂草千金子和大龄稗草。用量过大易产生不同程度的药害,甚至造成严重药害。

（一）药害症状

骠马药害主要表现为秧苗上部2～3叶萎蔫并纵卷成细线状,但叶色仍为绿色,并有所加深,似缺水干枯状;剂量较小、药害较轻时,叶片有不规则褪绿现象,主要发生在新展开叶片上,褪绿不均匀,有些似彩缎(初始呈病毒病相似症状,各叶片中的维管束先褪绿,以后整张叶片均褪绿),新展开叶片的叶鞘发白。有些秧苗新生叶片虽可抽出,但包在叶鞘中。骠马用量过大后秧苗叶片明显灼枯,心叶出生枯死,经2～3片叶后才能恢复生长,影响了秧苗后期的正常生长,最后穗型变小、结实率不高,严重影响产量;或者用药时期不准,在秧苗6叶期以前施用,导致田块始终僵苗不发,叶片发黄蹲苗,一直到生长后期都没有恢复,造成严重减产。

（二）预防措施

☞ 直播稻田正确施用骠马,预防药害的发生。在直播稻田秧苗6叶期之前,要禁止施用骠马防除大龄稗草和千金子,否则秧苗会出现明显药害,且不能恢复生长。

☞ 严格控制施用量,6叶1心期要严格控制施用量,一般控制在600毫升/公顷以内。7叶期至拔节前,施用量以600～750毫升/公顷为宜。

☞ 用药时要放干田水,切勿重喷。药后1天上水,保持田间湿润,防止药后植株受干旱气候蒸发过度而失水枯萎。3～5天后要放掉田水,利于秧苗根系透气而增强活力。

☞ 出现药害后,主要是通过水浆管理来调节,不要盲目喷施各种叶面肥来补救。若管理及时,药害能得到控制,秧苗会逐渐恢复生长。

六、威罗生

威罗生乳油又称排草净—哌净合剂或哌草磷—戊草净合剂,是防除移栽稻田多种一年生禾本科、莎草科和阔叶草的"一次性除草剂",主要用于防治水稻田内一年生单、双子叶杂草。低毒。稻田用药一次可控制全期杂草危害。由于威罗生中含有均三氮苯类的戊草津,高温时易对水稻产生药害。

(一)药害症状

症状一般表现为水稻叶色发黄,叶尖枯焦,生长迟缓。分蘖受抑,僵苗不发。植株矮小,有效穗减少,每穗总粒数下降。严重时表现为起初水稻植株生长停滞,继而矮缩,直至枯死。

(二)预防措施

☞ 适量施药。移栽稻田每公顷用50%威罗生1 350～1 650毫升,沙土田可用低量,黏壤土可用高量,一般不需提高用量。若杂草严重时,沙土用1 500毫升,黏壤土用2 250毫升即可,但无论何种情况,用量切勿超过2 250毫升。拌匀撒匀。

☞ 适时施药。要求在水稻栽后7～10天待水稻完全活棵后方可施药,水温若在24℃以下,用药时间可推迟到栽后10～12天。避开高温下施药。当气温28℃以上时要谨慎用药。或降低用量,或晚间排放田水后换补低温水施药。气温30℃以上时禁用。

☞ 管好水层。药后保水3～5厘米5～7天。不可无水,也不可水层太深。万一发生药害,可先灌"跑马水"冲洗2～3小时,然后适当补施肥料。

七、二氯喹啉酸

二氯喹啉酸是防除稻田稗草的特效选择性除草剂。近年来大面积应用表明,该药具有残效期长、对稗草特效、施药适期宽等特点。只要正确使用对水稻安全,但若使用不当也会对水稻造成药害。近年来各地均有零星药害发生。

(一)药害症状

受二氯喹啉酸药害严重的秧苗心叶卷曲成葱管状直立,移栽到大田后一般均枯死。若成活,其形成的分蘖苗也成畸形,有的甚至整丛稻株枯死;药害轻的秧苗,茎基部膨大,变硬、脆,心叶变窄并扭曲成畸形,但移栽到大田后长出的分蘖苗仍正常生长。药害症状一般在药后 10 ~ 15 天出现。对水稻生长和产量造成一定程度的影响。

二氯喹啉酸药害的主要原因

☞ 施药时期偏早。据田间试验,若在秧苗 1 叶期前,尤其是秧苗立针期施药,即使二氯喹啉酸在常规用量下也极易发生药害。

☞ 气候因素影响。在施药前一段时期遇连阴雨,低温,秧苗素质较差,若此时施药,易导致秧苗药害。

☞ 品种敏感性不同。调查发现,不同类型水稻对二氯喹啉酸敏感性表现不同,常规稻比杂交稻敏感,且同一类型水稻不同品种对二氯喹啉酸敏感性也表现不同,秧苗根系不发达比发达的敏感性强。

☞ 用药量过高。二氯喹啉酸在适期内超量使用,尤其在秧苗 4 叶期前超量使用,易发生药害。

(二)预防措施

☞ 适期施药。施药时期应掌握在秧苗 2 叶期以后,以确保安全。避开连阴雨、低温天气施药。

☞ 适量施药。一般有效用量不能超过 375 克/公顷。

八、灭生性除草剂

灭生性除草剂药害主要是 41% 草甘膦(农达、农旺、美田等)水剂和 20% 百草枯(克无踪、对草快、灭绿等),也有成分相同含量不同的剂型。发生原因：常见的有飘移药害和误用药害两种。

（一）药害症状

草甘膦引起的飘移药害造成秧苗黄萎或矮化，后期植株叶色偏深，叶片短狭，分蘖小而多，心叶有扭曲畸形现象。百草枯飘移药害造成水稻叶片迅速脱水枯死或在叶片上留下均匀分布的枯死斑。误用型药害大多因草甘膦与杀虫双剂型一致、包装相似导致误用。水稻在生育中前期受害，且程度较轻时，仍可孕穗，但剑叶短小直立，穗形也小，有部分产量。水稻受害迟或程度较重时，幼穗或节间分生组织褐色坏死，稻穗不能完全抽出，颖壳褐色，空秕粒多，重者也可导致绝收。

（二）预防措施

☞ 使用时一定认准标签及标注的使用剂量，对丢失标签的药剂在不能肯定是何种药剂时，绝对不能使用。

☞ 施用该种类的药剂时，应在无风天气使用并佩带防护罩，定向喷雾，防止误用和飘移。

九、其他常用除草剂药害

（一）药剂种类与药害症状

☞ 本田使用喹啉羧酸类除草剂（如：50% 二氯喹啉酸可湿性粉剂，50% 杀稗王可湿性粉剂等），施药不均、用量过大等均可引起药害，典型症状是水稻叶鞘完全卷成葱管状，叶色浓绿，其他症状类似酰胺类除草剂药害，但畸形更严重、更明显。

☞ 苯氧羧酸类除草剂（56% 二甲四氯、72% 2,4 - 滴丁酯），分蘖期用量过大时也有明显药害，在水稻分蘖期表现为株型异常，分蘖向四周张开，植株矮化，基部叶黄化。

☞ 三氮苯类除草剂（如 25% 西草净、25% 扑草净），施药不均、用量过大可造成叶片由下而上枯黄，抑制分蘖，主茎新叶枯黄，严重时全株枯死。

☞　丙炔恶草酮（80%稻思达），由于使用剂量范围狭窄，易造成水稻下部叶片和叶鞘褐点型药害。

☞　50%杀草丹在稻草还田情况下易造成矮化型药害。

（二）预防措施

☞　严格控制使用剂量，避免过量使用。

☞　如发生药害可以施用适量的尿素、硫酸钾等速效肥料，促进植株及其根系生长与代谢（适用于本田出现药害症状的田块）。

☞　水稻受 2,4 - 滴类药害后，也可以使用赤霉素等生长调节剂恢复正常生长。

☞　叶面喷施腐殖酸或叶面肥是常用的有效手段，并适合各种类型稻田和各种药害。

第三节

秧田除草剂药害

一、湿润秧田

（一）除草剂药害原因及症状

湿润秧田的除草剂使用主要包括苗床封闭类除草剂和茎叶处理类除草剂，封闭类除草剂主要指丁扑类除草剂，包括 19% 秧草灵、19% 床草克星、45% 封闭一号、40% 苗兴等，这类除草剂多用于播种后苗床封闭，多数是用于喷雾。茎叶处理类除草剂包括二氯喹啉酸类药剂和敌稗等。封闭类除草剂发生药害主要原因是由于床面不平、局部积水、施药不匀,覆盖土厚度不够 1 厘米以上等原因,造成水稻出苗后幼根幼芽粗短、扭曲畸形、基部膨大、叶片不展;严重会造成秧苗枯黄,甚至死亡。

茎叶处理类除草剂二氯喹啉酸类药剂发生药害主要原因是稻苗在 2 叶前施药、重复喷施、过量用药等均可产生药害。药害症状表现为:水稻在施药后 15 天症状明显,除秧田受害外,移栽后分蘖期表现为葱状叶,叶色浓绿,分蘖较少,主穗无法抽出。而敌稗主要在稻苗立针期施用,该药剂如果与有机磷类或氨基甲酸酯类杀虫剂混用,这些杀虫剂能严重抑制水稻植株体内芳基酰胺酶的活性,致使敌稗在水稻植株内不能迅速降解,光合作用受到抑制,而造成药害,药害症状表现为:施药后 7～10 天药害开始显现,轻时叶黄,重时叶片出现斑点,卷曲、皱缩,直至枯死。

(二)除草剂药害预防措施

☞ 秧田选择。选择地势较高的地块作育苗田,苗床间挑出一条明显的排水与作业沟,苗床整平,分期均匀浇足底水,达到底水充足床面不积水,覆盖土要均匀;覆土厚度 ≥1 厘米。不能用沙子、锯末、炉渣等覆盖,一旦发生药害可喷施含有机质的叶面肥补救,严重者建议早期毁种。

☞ 苗床禁止用二氯喹啉酸类药剂除草。

☞ 禁止把敌稗与有机磷类或氨基甲酸酯类杀虫剂混用,使用敌稗前两周或后两周不能施用有机磷或硫代氨基甲酸酯类的除草剂。

二、旱育秧

(一)除草剂药害原因及症状

旱育秧育苗产生药害的除草剂主要有丁草胺、杀草丹、禾大壮、敌稗、丁扑合剂等。

☞ 在施用过长残效除草剂的地块(如大豆、玉米田)取土育

263

苗,造成水稻幼苗干枯、黄化、萎缩、畸形、僵苗。

☞ 施用乙草胺(或含有乙草胺的除草剂)及施用丁·扑或丁草胺进行苗床封闭除草时,长势弱的幼苗、低洼积水苗床出土或未出土的幼苗都易受害。尤其在机插盘、抛秧盘育秧苗床,由于采用秧盘育秧,苗床土层薄,土壤或幼苗、幼芽易干旱,浇水后土表的药剂随水下渗,对未出土的幼芽、长势弱的幼苗、低洼积水的苗床造成药害,出现黄苗、畸形苗,或苗床出现秃疮斑。

☞ 苗床如施用二甲四氯、2,4 - 滴丁酯,或过早过量施用二氯喹啉酸,在水稻返青后,秧苗会出现筒状叶、葱状叶或苞心叶。

(二)除草剂药害预防措施

避免水稻苗床除草剂药害,应注意以下几点:

☞ 做到土地有耕种档案,做好具体取土地块施用药剂情况调查。施用过咪唑乙烟酸、氯嘧磺隆(或含有该成分的混剂)的大豆田,2 年内不能从该地取 15 ~ 25 厘米表土进行水稻育苗;过量施用氟磺胺草醚的大豆田、芸豆田,翌年不能从该地取 15 ~ 25 厘米表土进行水稻育苗;超量施用异噁草松、莠去津(或含有莠去津的混剂)的玉米田,翌年不能从该地取 15 ~ 25 厘米表土进行水稻育苗。

☞ 水稻苗床进行封闭除草,严禁施用乙草胺或含有该成分的除草剂。如果苗床不平整、覆土不均匀,也不宜采用丁·扑或丁草胺进行苗床封闭除草。

☞ 水稻幼苗期,严禁施用二甲四氯、2,4 - 滴丁酯或进行茎叶喷雾,二氯喹啉酸必须在水稻秧苗 3 叶后施用,其50% 可湿性粉剂每 10 平方米苗床施用量不宜超过 0.7 克,且施药后不宜再盖膜增温。

☞ 推广使用千金、敌稗或灭草松等进行茎叶喷雾除草。千金对水稻非常安全,但杀草速度慢。以稗草为主的苗床,可在水稻1.5 ~ 2.0 叶期,每 10 平方米苗床用 10% 千金乳油 1 毫升对水 0.25 千克,于早晚无露水时进行茎叶均匀喷雾;以稗草为主兼有苋、藜、蓼草的苗床,可在水稻 1 叶 1 心期,每 10 平方米苗床用 20% 敌稗乳油 17 毫升对水 0.25 千克进行茎叶均匀喷雾,施药后立即盖棚,以提高药效;

以苋、藜、蓼草为主的苗床,可在水稻 3 叶期,每 10 平方米苗床用 48%灭草松水剂 3 毫升对水 0.25 千克,于早晚无露水时进行茎叶均匀喷雾。此外,对出现药害的秧苗,用芸薹素内酯或海藻素混用狮马绿叶面喷雾 2～3 次,可缓解药害。

第四节
直播稻除草剂药害

一、药害种类

直播稻田杂草较多,杂草科学防治是水稻直播栽培成功的关键,直播稻田中杂草种类主要包括稗草、千金子、莎草、异形莎草、牛毛毡、鸭舌草、矮慈姑、节节菜等。水稻直播田化学除草剂种类主要有芽前封闭除草剂和芽后茎叶处理剂。

(一)芽前封闭除草剂药害

目前,直播稻田常用的芽前除草剂有:丁草胺系列(丁草胺、马歇特等)和施田补(二甲戊乐灵等)除草剂、丙草胺和丙苄系列复配除草剂。芽前封闭除草剂药剂选择、使用时间、用量不当都易造成秧苗发黄、矮缩、僵苗等药害现象。如丁草胺系列和施田补等对水稻露子会产生明显药害,主要表现为稻苗发芽时破坏其生长点,根芽和叶芽停止生长,根芽枯缩,叶芽枯弯,以后逐渐死亡。另外,施用丁草胺系列除草剂封闭的田块,苗期如遇暴雨致使畦面积水,雨水溶解除草剂的有效成分,下渗到根部,会造成稻苗全部死亡。

(二)茎叶除草剂药害

直播田常用茎叶除草剂有二氯喹啉酸、稻杰、千金、二甲四氯等,

265

稻杰、千金成本较高,且稻杰只能杀稗草、莎草科杂草及阔叶杂草,千金只能杀千金子等杂草。二氯喹啉酸只能除稗草及部分莎草科杂草,由于田间杂草发生复杂,一般均需几种药剂同时使用,同时使用二氯喹啉酸时易产生药害。特别是 2 叶 1 心前施用二氯喹啉酸,自药后 15 天开始,秧苗表现为叶片变深,从新生叶的叶鞘叶片开始卷缩,影响以后新生叶片的出生,新生出来的叶片不能正常地向上生长,长完 2 ~ 3 片叶后才能恢复正常生长。药害严重时新生叶片很难生出,还会造成秧苗死亡。另外,二氯喹啉酸用药量过大也会对水稻造成伤害。

另外,直播田禾本科杂草发生量大、种类多,防除困难时,用除草剂骠马防除禾本科杂草千金子和大龄稗草,由于用量过大易产生不同程度的药害,甚至会造成严重药害。表现在始终僵苗不发,叶片发黄蹲苗,恢复慢,造成严重减产。

（三）甲磺隆、绿磺隆残留造成的药害

前作为麦田的稻田,由于为了节约农本,使用含有甲磺隆和绿磺隆的化学除草产品防除麦田杂草,残留的药剂会对多种双子叶作物和水稻产生药害。直播稻田更容易产生药害,且产生的药害比移栽大田早,移栽大田一般在秧苗移栽后 20 天左右表现,而直播稻田一般在秧苗的 4 ~ 5 叶期表现。药害出现时,秧苗停止生长,根系开始萎缩、变粗、横向生长,根尖变粗、变锐,根系变黄失去活力。而秧苗本身处于勉强活命状态,在田间有水时,要过 20 天后才能随着残留药剂的降解而逐步恢复生长。恢复后秧苗植株小,无分蘖,最后成穗数量少,对产量影响较大。

二、除草剂药害预防措施

（一）合理选择封闭除草药剂

直播稻田由于受到各种条件的限制,播种时不可避免地出现露子,特别是大型拖拉机耕种且不盖子的直播稻田,露子现象非常严重。对该类型的田块,不能施用丁草胺系列除草剂,可选用对露子伤害小的丙苄系列药剂进行封闭。对于播种期在阴雨天气多的年份,直播稻田施用丙苄系列除草剂,既能达到良好的除草效果,又能对药害起到预防作用。正常年份田间保湿较好的情况下,施用施田补、新马歇特等封闭型除草剂,防止僵苗的发生,这两种药剂对秧苗的间接伤害比丁草胺系列轻,在田间形成的药土层不易被破坏,遇雨水多的年份药液下渗少,秧苗根系不易受到伤害。

(二)正确施用二氯喹啉酸

施用二氯喹啉酸时,适期用药,直播稻田的二氯喹啉酸用药适期要放在长满 3 张叶片或在 3 叶 1 心期为宜。施用二氯喹啉酸除草时,要严格用药规程,不任意加大用药量。用药前要放干田水,让杂草整株露现出来,使其整株受药;药后 24 小时不上水,只有药液被杂草充分吸收,杂草才能整株死亡,从而提高防效。喷药时还要注意不能重喷。

(三)麦田控制甲磺隆、绿磺隆用量

采取控制用量、限制范围和限制用药季节的办法,来控制残留和预防药害。麦田冬前施用含甲磺隆、绿磺隆纯品不得超过 15 克/公顷,限在冬前施用,春季一律不得施用,后茬种植经济作物的田块不得施用,后茬直播稻田少用或不用。对于已经产生药害的直播稻田,要坚持湿润灌溉、干湿交替的办法,以减少残留。同时做好适量追施速效肥或及时做好叶面肥的喷施,加速生态环境的转化,促进秧苗恢复生长。

(四)正确施用骠马

在直播稻田秧苗 6 叶期之前,要禁止施用骠马防除大龄稗草和千金子,否则秧苗会出现明显药害,且不能恢复生长。6 叶 1 心期要严格控制施用量,一般控制在 600 毫升/公顷以内。7 叶期至拔节前,施用量以 600～750 毫升/公顷为宜。用药时要放干田水,切勿重喷。药后 1 天上水,保持田间湿润,防止药后植株受干旱气候蒸发过度而失水枯萎。3～5 天后要放掉田水,利于秧苗根系透气而增强活力。出现药害后,主要是通过水浆管理来调节,不要盲目喷施各种叶面肥

来补救。

（五）田间管理

直播田播种前精细整田,做到田块厢面高低基本一致,最后一次整田距施药时间不能超过 5 天。播种的种谷需催好芽,保证芽谷有根有芽方可播种。搞好水田管理。播种后上水要及时排出,施药时田间不要有积水。遇干旱年份,为了保湿上水漫田,要速灌速排,不要超过 12 小时。雨水多的年份,为防止畦面积水,直播稻田一定要开好排水沟,遇暴雨时要留好平水缺,及时排干田水,保证畦面不积水或不长时间积水,防止因药液下渗而破坏根系活力造成僵苗。

（六）采用有效措施减轻药害,促进秧苗恢复生长

在出现二氯喹啉酸药害的田块中,用复合锌肥 11 250 ~ 15 000 克/公顷拌湿润细土撒施,或喷施叶面肥及叶面喷施植物生长调节剂或药害解毒剂。

第五节
移栽稻除草剂药害

一、药害种类

移栽田除草相对较少,主要在水稻移栽后 3 ~ 5 天,用除草剂防治杂草,移栽田除草产生药害的除草剂有丁草胺、黄酰脲类除草剂和二氯喹啉酸。

（一）丁草胺类除草剂药害

丁草胺是移栽稻田常用的一种除草剂,由于受到环境条件和人为因素的影响,每年在水稻田都会出现不同程度的丁草胺药害现象。

施药量过大(全生育期超过 1 875 毫升/公顷),施药不均匀;施药时田间水层过深,淹没水稻心叶或正常用量下遇长时间低温、寡照等恶劣天气,均可使水稻受害。

丁草胺药害症状可分为轻、中、重三种类型。轻度药害表现为植株轻度矮缩,叶色稍有褪绿;中度药害表现为植株矮缩,叶色明显褪绿,分蘖受抑制;重度药害表现为植株矮缩,心叶扭曲或无心叶,叶片颜色加深,呈深绿色,无分蘖,水稻根变黄,新根生长受到抑制,严重时可出现死苗。轻度药害对水稻生育和产量无明显影响。中度药害和重度药害使水稻生育受抑制,植株矮缩,分蘖停止,因而对产量的影响较大。

(二)黄酰脲类除草剂药害

常用的黄酰脲类除草剂有 10% 吡嘧磺隆可湿性粉剂、10% 苄嘧磺隆可湿性粉剂等。该类除草剂生产过程中发生化工污染或非正规厂家生产的苄嘧磺隆因含有甲磺隆杂质较多,而施用含有甲磺隆杂质的苄嘧磺隆容易出现药害。黄酰脲类除草剂轻微药害时,主要表现为根、叶生长受到抑制,植株矮小,丛立、紧凑,生长缓慢,不分蘖或少分蘖,根系黑色坏死;受害苗一般呈连片、块状分布或全田分布,严重受害田幼蘖叶片枯死,新生蘖常表现为扭曲、畸形。

二、除草剂药害补救措施

(一)合理用药

选用对口药剂:直播田、抛秧田、移栽田分别选用直播、抛秧、移栽类型对口除草药剂,绝不能乱用、混用。严格按除草剂使用说明决定大田剂量,不能随意加大剂量。不同区域(土壤类型不同)、不同时期可根据杂草发生期及天气情况在当地农业技术人员指导下把准除草剂的剂量。针对丁草胺产生药害的原因,农民在施用丁草胺时要严格控制使用剂量(一般量不超过 1 875 毫升/公顷),做到均匀施药(用一定量的细沙子、干土或与尿素等肥料混拌后施用),施药时田间保持适宜水层(3~5厘米),切忌淹没水稻心叶或断水,国产丁草胺最好用于插前土壤封闭。

(二)掌握施药时期

移栽田一般在水稻移栽后3~5天,每公顷用375克精克草星拌毒土均匀撒施。分蘖期看草施药,有稗草的田每公顷用50%二氯喹啉酸600~750克对水均匀喷雾防治稗草,水稻进入幼穗分化后,严禁使用除稗剂,否则会造成空秕率、畸形谷粒,导致严重减产或失收。

(三)及时排灌补救

一旦田间出现丁草胺类药害,将原来的田水换掉,用不含除草剂的清水串灌冲洗,追施磷酸二氢钾等速效肥料,增强秧苗体内代谢,以缓解药害。发生黄酰脲类除草剂药害时可以换水洗田来稀释药剂,促进其淋溶和流失;淋洗后排水晾田,增强土壤微生物活动,提高土壤通气性,促进药剂降解;增施速效氮肥、生物肥,促进秧苗生长;叶面喷施腐殖酸或叶面肥可以有效缓解药害。

第六节

土壤除草剂残留对后茬水稻的影响

一、除草剂残留药害症状

甲磺隆、绿磺隆是应用于麦田的超高效除草剂,用量低,药效好,杀草谱宽。但由于在土壤中分解较慢,如使用不当,后茬菜、稻易出现残留药害。药害出现时,秧苗停止生长,根系开始萎缩、变粗,横向生长,根尖变粗、变锐,根系变黄失去活力。研究表明,甲磺隆、绿磺隆每公顷用量在120克有效成分以内,对出苗无明显影响,对秧苗生长则有明显影响,影响程度与药量呈正相关。每公顷用 30 克及 30 克以内,秧苗生长与对照基本一致。每公顷用 60 克时,秧苗生长有明显抑制现象,用量愈大,影响愈重。

另外,麦田过量施用绿麦隆,也会对后作水稻产生二次药害,绿麦隆属取代脲类除草剂,是一种低毒、高效、选择性内吸传导除草剂,杀草原理主要是通过植物的根系吸收,并有叶面触杀作用,是植物光合作用电子传递抑制剂。该药可进行苗期叶面喷雾或土壤处理,前者除草效果更好,但安全性差。该药在土壤中残留时间长,分解慢,如使用时不重视安全用药,容易导致后茬水稻生长受影响,绿麦隆对水稻二次药害的明显症状多是成片或成条发生。受害重的稻株叶片失绿变白,自尖端逐渐向下发展至叶鞘,以后全株枯死。药害症状易与白叶枯病症混淆,不同的是,白叶枯病自叶尖或叶缘开始,病斑前缘有波纹状,多在台风暴雨后,天气潮湿时发病,而绿麦隆药害自尖向两边均匀褪绿、变白发枯,常在高湿后出现。据试验观察,受害较轻的植株枯叶不多,茎秆较细,其他症状不明显,以后单株成穗率降低,每穗实粒数减少。研究表明,除草剂绿麦隆以常规用药量的 1 倍施用于麦田,其在田间的残留不会对后茬作物的生长造成危害。而当其在田间残留量达到或超过下述数据时,对后茬作物的生长就会产生明显的危害作用。土壤中绿麦隆的含量在 0.175 毫克/千克时,秧苗的生长与对照组相比,无明显的差异。而当浓度增加到 0.35 毫克/千克时,秧苗移栽后返青慢,分蘖减少,生长受到一定程度的抑制。当浓度为 0.70 毫克/千克以及大于 0.70 毫克/千克时,秧苗的生长受到明显抑制。

二、除草剂残留药害预防

(一)麦田合理用药

麦田合理控制甲磺隆、绿磺隆、绿麦隆等使用,采取控制用量、限制范围和限制用药季节的办法,来控制残留和预防药害。麦田冬前施用含甲磺隆、绿磺隆纯品不得超过 15 克/公顷,限在冬前施用,春季一律不得施用。

（二）增施有机肥

研究表明,绿磺隆和甲磺隆等在酸性条件下易分解,稻田施用有机肥后甲磺隆、绿磺隆残留对水稻受害程度减轻。因此,水稻种植提倡增施有机肥,促进残留药剂分解,减少土壤残留量,减轻除草剂残留药害。

（三）水分管理

对于已经产生药害的水稻田,要坚持湿润灌溉、干湿交替的办法,以减少残留。

（四）适量追肥

做好适量追施速效肥或及时做好叶面肥的喷施,加速生态环境的转化,促进秧苗恢复生长。

参 考 文 献

[1]陈铁保,黄春艳,王宇.水稻除草剂药害发生的原因与补救措施[J].农药市场信息,2006,(4):31.

[2]陈先茂,彭春瑞,关贤交,等.稻田常用除草剂对水稻生长及土壤生态影响的初步研究[J].江西农业大学学报,2009,31(5):850-854.

[3]陈新育,陆建洲,张开进,等.前期阴雨天气对水稻的影响及培管对策[J].现代农业科技,2009,(20):308-318.

[4]陈有良,刘干贤,卢建祥,等.水稻除草剂药害发生原因分析及治理对策探讨[J].湖南农业科学,2007,(4):135-137.

[5]高德友,赵新华,段祥茂.抽穗期洪涝对水稻产量及其构成因素的影响[J].耕作与栽培,2001,(5):31-47.

[6]高广林.干旱胁迫下水稻生育状态及产量探讨[J].东北水利水电,2003,(1):49-52.

[7]龚纪元.洪涝发生后对水稻的补救措施[J].四川农业科技,2001,(7):31.

[8]侯文平,王成瑗,张文香,等.吉林省水稻常用除草剂药害及预防措施[J].农业与技术,2009,29(4):58-60.

[9]李栋,李平.丁草胺引起水稻药害的原因与解决办法[J].黑龙江科技信息,2009,(14):100.

[10]李永和,石亚月,陈耀岳.试论洪涝对水稻的影响[J].自然灾害学报,2004,13(6):83-87.

[11]梁方,何友.除草剂对水稻免耕抛秧药害的预防[J].中国农技推广,2003,(2):51,54.

[12]林迢,简根梅.浙江早稻播种育秧期连阴雨发生规律分析

[J].中国农业气象,2001,22(3):11-15.

[13]刘梦红,张合豫,赵姝,等.一种新型生物制剂对水稻普施特药害的降解作用 [J].中国农学通报,2007,23(4):42-45.

[14]卢冬梅,刘文英.夏秋季高温干旱对江西省双季晚稻产量的影响 [J].中国农业气象,2006,27(1):46-48.

[15]冉耀贤.水稻除草剂药害的诊断与补救 [J].新疆农垦科技,2006,(5):34-35.

[16]唐东民,伍钧,陈华林,等.机物料中溶解性有机质对土壤吸附除草剂的抑制作用 [J].生态环境,2008,17(2):589-592.

[17]王成瑗,王伯伦,张文香,等.不同生育时期干旱胁迫对水稻产量与碾米品质的影响 [J].中国水稻科学,2007,21(6):643-649.

[18]王成瑗,王伯伦,张文香,等.干旱胁迫时期对水稻严量及产量性状的影响 [J].中国农学通报,2008,24(2):160-166.

[19]王秀平,肖春,叶敏,等.抗除草剂油菜施用甲咪唑烟酸和阿特拉津对下茬作物水稻的影响 [J].农药,2007,(9):622-624.

[20]王以荣,何高,吴玲,等.水稻成熟初期遇台风暴雨倒伏的补救方法探讨[J].上海农业科技,2005,(1):25-26.

[21]问才干,袁其林,刘平.直播稻田除草剂药害形成的因素及预防技术 [J].河北农业科学,2009,13(1):21-22,25.

[22]吴竞仑,李春爽.除草剂对不同栽培方式水稻药害的评价 [J].现代农药,2004,(2):36-39.

[23]武文辉,吴战平,袁淑杰,等.贵州夏旱对水稻、玉米产量影响评估方法研究 [J].气象科学,2008,28(2):232-236.

[24]夏静,朱永和.农药的药害研究初报——水稻上的药害症状图鉴 [J].安徽农业科学,2002,(1):71-72.

[25]杨太明,陈金华.江淮之间夏季高温热害对水稻生长的影响

[J].安徽农业科学,2007,35(27):8530－8531.

[26]叶常明,郑和辉,王杏君,等.作物植株残体还田土壤对除草剂的截留作用[J].环境科学学报,2001,21(3):354－357.

[27]叶秀梅,鲍炳军.分蘖期受旱对水稻产量的影响[J].安徽农业科学,2008,(6):2273,2281.

[28]朱德峰.水稻生产抗灾减灾技术[M].北京:中国农业出版社,2010.

[29]张洪仁,刘春英,吴春梅,等.如何避免水稻苗床除草剂药害[J].北方水稻,2009,(3):91.

[30]张建设,程尚志,刘东华,等.生育中后期干旱胁迫对栽培稻产量和米质的影响[J].湖北农业科学,2007,46(5):689－691.

[31]张晓慧,张安存.洪涝对水稻的危害及其抗灾减灾的栽培措施[J].上海农业科技,2008,(2):121.

[32]张泽溥,李增起,王宝章.杀草丹、杀草丹的邻氯苄基异构体及两者的混合物对水稻药害的研究[J].植物保护学报,1983,(4):245－250.

[33]赵言文,肖新,胡锋.江西季节性干旱区节水条件下引种稻水分生产力及产量品质分析[J].干旱地区农业研究,2007,25(6):45－51,56.

[34]郑秋玲.不同生育阶段干旱胁迫下的水稻产量效应[J].河北农业科学,2004,(3):83－85.

[35]周建林,周广洽,陈良碧,等.洪涝对水稻的危害及其抗灾减灾的栽培措施[J].自然灾害学报,2001,10(1):103－106.

[36]周书军,陈银宝,杨筠文,等.蔺草田晚稻绿磺隆药害解除试验初报[J].浙江万里学院学报,2005,18(4):100－102.

[37]邹丽云.影响云南水稻产量的灾害分析[J].中国农业气象,2002,23(1):13－16.